Wissenschaftliche Reihe
Fahrzeugtechnik Universität Stuttgart

Herausgegeben von
M. Bargende, Stuttgart, Deutschland
H.-C. Reuss, Stuttgart, Deutschland
J. Wiedemann, Stuttgart, Deutschland

Das Institut für Verbrennungsmotoren und Kraftfahrwesen (IVK) an der Universität Stuttgart erforscht, entwickelt, appliziert und erprobt, in enger Zusammenarbeit mit der Industrie, Elemente bzw. Technologien aus dem Bereich moderner Fahrzeugkonzepte. Das Institut gliedert sich in die drei Bereiche Kraftfahrwesen, Fahrzeugantriebe und Kraftfahrzeug-Mechatronik. Aufgabe dieser Bereiche ist die Ausarbeitung des Themengebietes im Prüfstandsbetrieb, in Theorie und Simulation. Schwerpunkte des Kraftfahrwesens sind hierbei die Aerodynamik, Akustik (NVH), Fahrdynamik und Fahrermodellierung, Leichtbau, Sicherheit, Kraftübertragung sowie Energie und Thermomanagement – auch in Verbindung mit hybriden und batterieelektrischen Fahrzeugkonzepten.

Der Bereich Fahrzeugantriebe widmet sich den Themen Brennverfahrensentwicklung einschließlich Regelungs- und Steuerungskonzeptionen bei zugleich minimierten Emissionen, komplexe Abgasnachbehandlung, Aufladesysteme und -strategien, Hybridsysteme und Betriebsstrategien sowie mechanisch-akustischen Fragestellungen.

Themen der Kraftfahrzeug-Mechatronik sind die Antriebsstrangregelung/Hybride, Elektromobilität, Bordnetz und Energiemanagement, Funktions- und Softwareentwicklung sowie Test und Diagnose.

Die Erfüllung dieser Aufgaben wird prüfstandsseitig neben vielem anderen unterstützt durch 19 Motorenprüfstände, zwei Rollenprüfstände, einen 1:1-Fahrsimulator, einen Antriebsstrangprüfstand, einen Thermowindkanal sowie einen 1:1-Aeroakustikwindkanal.

Die wissenschaftliche Reihe „Fahrzeugtechnik Universität Stuttgart" präsentiert über die am Institut entstandenen Promotionen die hervorragenden Arbeitsergebnisse der Forschungstätigkeiten am IVK.

Herausgegeben von

Prof. Dr.-Ing. Michael Bargende
Lehrstuhl Fahrzeugantriebe,
Institut für Verbrennungsmotoren und
Kraftfahrwesen, Universität Stuttgart
Stuttgart, Deutschland

Prof. Dr.-Ing. Jochen Wiedemann
Lehrstuhl Kraftfahrwesen,
Institut für Verbrennungsmotoren und
Kraftfahrwesen, Universität Stuttgart
Stuttgart, Deutschland

Prof. Dr.-Ing. Hans-Christian Reuss
Lehrstuhl Kraftfahrzeugmechatronik,
Institut für Verbrennungsmotoren und
Kraftfahrwesen, Universität Stuttgart
Stuttgart, Deutschland

Weitere Bände in dieser Reihe http://www.springer.com/series/13535

Daniel Kuncz

Schaltzeitverkürzung im schweren Nutzfahrzeug mittels Synchronisation durch eine induzierte Antriebsstrangschwingung

 Springer Vieweg

Daniel Kuncz
Stuttgart, Deutschland

Zugl.: Dissertation Universität Stuttgart, 2016

D93

Wissenschaftliche Reihe Fahrzeugtechnik Universität Stuttgart
ISBN 978-3-658-18130-7   ISBN 978-3-658-18131-4   (eBook)
DOI 10.1007/978-3-658-18131-4

Die Deutsche Nationalbibliothek verzeichnet diese Publikation in der Deutschen National-
bibliografie; detaillierte bibliografische Daten sind im Internet über http://dnb.d-nb.de abrufbar.

Gedruckt auf säurefreiem und chlorfrei gebleichtem Papier

Springer Vieweg ist Teil von Springer Nature
Die eingetragene Gesellschaft ist Springer Fachmedien Wiesbaden GmbH
Die Anschrift der Gesellschaft ist: Abraham-Lincoln-Str. 46, 65189 Wiesbaden, Germany

Vorwort

Die vorliegende Arbeit entstand während meiner Tätigkeit als wissenschaftlicher Mitarbeiter am Forschungsinstitut für Kraftfahrwesen und Fahrzeugmotoren Stuttgart (FKFS). Mein besonderer Dank gilt Herrn Prof. Dr.-Ing. Hans-Christian Reuss, dem Leiter des Lehrstuhls Kraftfahrzeugmechatronik des Instituts für Verbrennungsmotoren und Kraftfahrwesen (IVK) der Universität Stuttgart, für die Betreuung und die Förderung meiner Arbeit. Ich danke auch Herrn Prof. Dr.-Ing. Karl-Ludwig Krieger, dem Leiter des Lehrstuhls Elektronische Fahrzeugsysteme (ITEM) der Universität Bremen, für die freundliche Übernahme des Mitberichts.

Die Grundlage dieser Arbeit entstammt aus einer Forschungskooperation zwischen dem FKFS und der Daimler AG. Mein Dank gilt an dieser Stelle der Abteilung TP/PET für die Unterstützung während der mehrjährigen Projektarbeit vor Ort. Insbesondere bedanke ich mich bei Herrn Guggolz und Herrn Ulmer für die große Unterstützung sowie die konstruktiven und hilfreichen Diskussionen.

Des Weiteren bedanke ich mich bei meinen Kollegen am FKFS und IVK für die angenehme Arbeitsatmosphäre, sowie die gegenseitige Hilfe, die zum gelingen dieser Arbeit beigetragen haben. Stellvertretend möchte ich meine Kollegen Nicolai Stegmaier, Erwin Brosch und Stefan Kraft hervorheben, die mich insbesondere in der Endphase entlastet haben, so dass ich diese Arbeit fertigstellen konnte.

Ein besonderen Dank gilt meinem Bereichsleiter Herrn Dr.-Ing. Gerd Baumann, für die Schaffung der Freiräume zur Anfertigung der Arbeit und der großen Unterstützung.

Letztendlich danke ich meinen Eltern und meinen Freunden, die mich während der Erstellung dieser Arbeit – vor allem in den schwierigen Phasen – stets unterstützt und motiviert haben, diese fertig zu stellen.

Daniel Kuncz

Inhaltsverzeichnis

Abbildungsverzeichnis

Abkürzungen und Formelzeichen

Abkürzungen

AW	Ausgangswelle
CAN	Controller Area Network
DT_1	Differenzial Glied mit Verzögerung erster Ordnung
ECU	Electronic Control Unit
EW	Eingangswelle
HSRI	Highway Safety Research Institute
HW	Hauptwelle
Lkw	Lastkraftwagen
LQG	Linear Quadratic Gaussian
LQR	Linear Quadratic Riccati
LTR	Loop Transfer Recovery
MiL	Model-in-the-Loop
Nfz	Nutzfahrzeug
PC	Personal Computer
PD	Proportional Differenzial
PDT_1	Proportional Differenzial Glied mit Verzögerung erster Ordnung
PI	Proportional Integral
PID	Proportional Integral Differenzial
Pkw	Personenkraftwagen
PT_1	Proportional Glied mit Verzögerung erster Ordnung
PT_2	Proportional Glied mit Verzögerung zweiter Ordnung
RLS	Recursive Least Squares
SiL	Software-in-the-Loop
SISO	Single-Input Single-Output
VGW	Vorgelegewelle
VGWB	Vorgelegewellenbremse

Formelzeichen

Zeichen	Einheit	Beschreibung
A	-	Systemmatrix
$a_{0,1,\dots}$	-	Koeffizienten des Nennerpolynoms der Übertragungsfunktion
A_{Fzg}	m^2	Stirnfläche des Fahrzeugs
a_{Fzg}	m^2/s	Längsbeschleunigung des Fahrzeugs
A_R	-	Systemmatrix der Regelungsnormalform
a_{Sens}	m^2/s	gemessene Längsbeschleunigung
B	-	Eingangsmatrix
$b_{0,1,\dots}$	-	Koeffizienten des Zählerpolynoms der Übertragungsfunktion
b_R	-	Eingangsvektor der Regelungsnormalform
C	-	Ausgangsmatrix
c_{AS}	$\mathrm{Nm/rad}$	Gesamtsteifigkeit des Antriebsstrangs
c_{GW}	$\mathrm{Nm/rad}$	Steifigkeit der Gelenkwelle
c_R	N	lineare Reifensteifigkeit
c_R^T	-	Ausgangsvektor der Regelungsnormalform
c_{SW}	$\mathrm{Nm/rad}$	Steifigkeit der Seitenwellen
c_{TD}	$\mathrm{Nm/rad}$	Steifigkeit des Torsionsdämpfers
c_W	-	Luftwiderstandsbeiwert
D	-	Dämpfungsgrad des Antriebsstrangs
d_{AS}	$\mathrm{Nms/rad}$	Gesamtdämpfung des Antriebsstrangs
d_{GW}	$\mathrm{Nms/rad}$	Dämpfung der Gelenkwelle
D_K	-	Dämpfungsgrad des getrennten Antriebsstrangs
d_{SW}	$\mathrm{Nms/rad}$	Dämpfung der Seitenwellen
d_{TD}	$\mathrm{Nms/rad}$	Dämpfung des Torsionsdämpfers
E	-	Störgrößeneingangsmatrix
e	-	Regelabweichung, Fehler
F_A	N	Anpresskraft der Kupplungsscheiben
F_{Luft}	N	Luftwiderstandskraft
f_{R0}	-	statischer Rollwiderstandsbeiwert
f_{R1}	$\mathrm{s/m}$	linearer Rollwiderstandsbeiwert
f_{R4}	$\mathrm{s}^4/\mathrm{m}^4$	quartischer Rollwiderstandsbeiwert
F_{Roll}	N	Rollwiderstandskraft
F_{St}	N	Steigungswiderstand
F_w	-	Führungsübertragungsfunktion
F_x	N	Reifenlängskraft

Zeichen	Einheit	Beschreibung
F_y	N	Reifenquerkraft
F_z	N	Reifenaufstandskraft
g	m/s^2	Erdbeschleunigung
G_S	-	Systemübertragungsfunktion
G_Z	-	Störgrößenübertragungsfunktion
i_G	-	Gesamtübersetzung des Getriebes
i_{ges}	-	Gesamtübersetzung des Antriebsstrangs
i_{HA}	-	Übersetzung der Hinterachse
i_{HG}	-	Übersetzung der Hauptgruppe
i_{RG}	-	Übersetzung der Rangegruppe
i_{SG}	-	Übersetzung der Splitgruppe
J_1	kg m^2	primäres Massenträgheitsmoment
$J_{1,K}$	kg m^2	primäres Massenträgheitsmoment ohne Motor
$J_{1,nK}$	kg m^2	primäres Massenträgheitsmoment nach Klause
$J_{1,vK}$	kg m^2	primäres Massenträgheitsmoment vor Klause
$J_{1,VM}$	kg m^2	primäres Massenträgheitsmoment nur Motor
J_2	kg m^2	sekundäres Massenträgheitsmoment
J_{AW}	kg m^2	Massenträgheitsmoment der Ausgangswelle
J_{EW}	kg m^2	Massenträgheitsmoment der Eingangswelle
J_{Fzg}	kg m^2	Ersatzmassenträgheitsmoment des Fahrzeugs
J_G	kg m^2	Massenträgheitsmoment des Getriebes
J_{HA}	kg m^2	Massenträgheitsmoment der Hinterachse
J_{HW}	kg m^2	Massenträgheitsmoment der Hauptwelle
J_{Kpl}	kg m^2	Massenträgheitsmoment der Kupplung
$J_{Kpl,pri}$	kg m^2	Massenträgheitsmoment der Schwungscheibe und Druckplatte der Kupplung
$J_{Kpl,sek}$	kg m^2	Massenträgheitsmoment der Kupplungsscheibe
J_{Rad}	kg m^2	Massenträgheitsmoment der Räder
$J_{TD,sek}$	kg m^2	sekundäres Massenträgheitsmoment des Torsionsdämpfers
J_{VGW}	kg m^2	Massenträgheitsmoment der Vorgelegewelle
J_{VM}	kg m^2	Massenträgheitsmoment des Motors
K	-	Regler
$k_{0,1,...}$	-	Koeffizienten des Polynoms der Solltrajektorie
k	-	relative Abweichung
L	-	Rückführmatrix
l_x	m	Relaxationslänge des Reifens
M_{AS}	N m	Antriebsstrangdrehmoment
$M_{AS,soll}$	N m	Sollantriebsstrangdrehmoment

Zeichen	Einheit	Beschreibung
m_{Fzg}	kg	Fahrzeugmasse
M_{GA}	N m	Drehmoment am Getriebeausgang
M_{GE}	N m	Drehmoment am Getriebeeingang
M_{Kpl}	N m	Kupplungsdrehmoment
$M_{Kpl,max}$	N m	maximales Drehmoment bei haftender Kupplung
M_{Last}	N m	Lastdrehmoment
$M_{Last,0}$	N m	Lastdrehmoment zu Beginn der Trajektorie
M_{Rad}	N m	Raddrehmoment
M_{SW}	N m	Seitenwellendrehmoment
M_{TD}	N m	Torsionsdämpferdrehmoment
M_{VM}	N m	Drehmoment des Verbrennungsmotors
$\tilde{M}_{VM,0}$	N m	transformiertes Motordrehmoment zum Trajektorienstart
$\tilde{M}_{VM}$	N m	transformiertes Motordrehmoment
$\tilde{M}_{VM,soll}$	N m	transformiertes Sollmotordrehmoment
n	-	Anzahl der Systemzustände
n_R	min^{-1}	Raddrehzahl
n_{VM}	min^{-1}	Motordrehzahl
$P(s)$	-	Zählerpolynom Übertragungsfunktion
$p_{0,1,\dots}$	-	Koeffizienten des charakteristischen Polynoms der Fehlerdynamik
$Q(s)$	-	Nennerpolynom Übertragungsfunktion
Q_S	-	Steuerbarkeitsmatrix
q_S^T	-	letzte Zeile der inversen Steuerbarkeitsmatrix
r_{dyn}	m	dynamischer Reifenhalbmesser
R_m	m	mittlerer Reibradius der Kupplung
s_{Kpl}	m	Ausrückweg der Kupplung
T	s	Drehmomentabbauzeit
T_{AS}	s	Periodendauer der Eigenfrequenz des Antriebsstrangs
T_R	-	Transformationsmatrix Regelungsnormalform
T_S	s	Abtastzeit
t_{Syn}	s	Synchronisationszeit
U	m	Reifenumfang
u	-	Eingangsvektor
V	-	Vorsteuerung
v	-	fiktiver Eingang des flachheitsbasierten Folgereglers
v_{Fzg}	m/s	Fahrzeuggeschwindigkeit
V_Z	-	Störgrößenaufschaltung
w	-	Führungsgrößenvektor

Zeichen	Einheit	Beschreibung
x	-	Zustandsvektor
y	-	Ausgangsgrößenvektor
y_f	-	flacher Ausgangsvektor
z	-	Zustandsvektor der Regelungsnormalform, Störgrößenvektor
z_K	-	Anzahl der Reibflächen der Kupplung
z_∞	-	Pol eines zeitdiskreten Systems
z_{Zyl}	-	Zylinderzahl des Verbrennungsmotors
α_{St}	rad	Fahrbahnsteigung
β	-	Differenzgrad des flachen Ausgangs
γ	-	Korrekturvektor
ΔM_{AS}	Nm	Unterschwingweite Antriebsstrangdrehmoment
$\Delta\varphi$	rad	Verdrillung des Antriebsstrangs
$\Delta\varphi_0$	rad	Verdrillung des Antriebsstrangs zu Beginn der Trajektorie
$\Delta\varphi_{soll}$	rad	Sollverdrillung des Antriebsstrangs
$\Delta\omega$	rad/s	Differenzwinkelgeschwindigkeit
$\Delta\omega_0$	rad/s	Differenzwinkelgeschwindigkeit zu Beginn der Trajektorie
$\Delta\omega_1$	rad/s	Drehzahländerung während Drehmomentenabbau
$\Delta\omega_{soll}$	rad/s	Solldifferenzwinkelgeschwindigkeit
Θ	-	Parametervektor
λ	-	Eigenwert, Pol
λ_B	-	Beobachtereigenwert
λ_R	-	Reifenschlupf
μ_G	-	Gleitreibbeiwert der Kupplung
μ_H	-	Haftreibbeiwert der Kupplung
p_λ	-	Eigenvektor zu Eigenwert λ
ρ_{Luft}	kg/m^3	Dichte der Luft
τ_{VM}	s	Totzeit zwischen zwei Einspritzvorgängen
Φ	-	Parametrierung des flachen Ausgangs
φ_{TD}	rad	Verdrehwinkel des Torsionsdämpfers
Ψ^T	-	Datenvektor
Ψ_u	-	Differenzielle Parametrierung des Eingangs
Ψ_x	-	Differenzielle Parametrierung der Zustände
ω_0	rad/s	Eigenfrequenz des Antriebsstrangs
$\omega_{0,K}$	rad/s	Eigenfrequenz des getrennten Antriebsstrangs
ω_1	rad/s	Winkelgeschwindigkeit des primären Massenträgheitsmoments

Zeichen	Einheit	Beschreibung
$\omega_{1,VM}$	rad/s	Winkelgeschwindigkeit des Verbrennungsmotors
ω_2	rad/s	Winkelgeschwindigkeit des sekundären Massenträgheitsmoments
ω_d	rad/s	gedämpfte Eigenfrequenz des Antriebsstrangs
ω_{GA}	rad/s	Winkelgeschwindigkeit des Getriebeausgangs
ω_{GE}	rad/s	Winkelgeschwindigkeit des Getriebeeingangs
ω_{Rad}	rad/s	Radumfangsgeschwindigkeit
ω_{TD}	rad/s	Verdrehgeschwindigkeit des Torsionsdämpfers

Kurzfassung

Im Güterverkehr ist der Lastkraftwagen das dominierende Verkehrsmittel. In aktuellen schweren Nutzfahrzeugen ist der Einsatz eines automatisierten Schaltgetriebes weit verbreitet. Der koordinierte Einsatz von mehreren über einen Kommunikationsbus vernetzte Steuergeräte ermöglicht neue Funktionen, wie die automatisierte Schaltung eines unsynchronisierten Schaltgetriebes. Prinzipbedingt tritt bei solchen Schaltungen eine Zugkraftunterbrechung auf. In der Entwicklung ist es stets das Ziel, diese zu minimieren, um die Fahrleistungen des Fahrzeugs zu steigern. Dabei liegt der Fokus meist auf einem hohen Fahrkomfort. In herausfordernden Fahrsituationen soll noch eine weitere Verkürzung erreicht werden, wobei in diesen Fällen vom Fahrer Komforteinbußen hingenommen werden. Dabei soll das Ziel nur durch neue Softwarefunktionen und der koordinierten Zusammenarbeit der vernetzten Steuergeräte erreicht werden, ohne eine Änderung der mechanischen Konstruktion des Getriebes.

Diese Arbeit stellt einen neuartigen Schaltablauf vor, der das Ziel der Schaltzeitverkürzung erreicht. Zunächst liefert die Analyse des Stands der Technik mögliche Optimierungsfelder für die Verkürzung der Schaltzeit. Anschließend werden die Komponenten des Antriebsstrangs und deren dynamisches Verhalten beschrieben. Daraus entsteht ein Simulationsmodell des kompletten Antriebsstrangs, das für den ersten Test der Softwarefunktionen verwendet wird. Darauf aufbauend zeigt eine Analyse den Einfluss der jeweiligen Komponenten auf das Schwingungsverhalten des gesamten Antriebsstrangs. Ausgehend davon erfolgt die Ableitung eines in der Komplexität reduzierten Modells, das den wesentlichen dynamischen Effekt, das Ruckeln, abbildet. Der Steuerungs- und Funktionsentwurf erfolgt auf Grundlage dieses Modells.

Beim neuen Schaltablauf synchronisieren nicht Aktoren das Getriebe, sondern eine gezielt herbeigeführte Schwingung im Antriebsstrang führt die Synchronisation aus. Im Gegensatz zu einem herkömmlichen Schaltvorgang, ist bei dem in dieser Arbeit vorgestellten Schaltvorgang mit dem Neutralstellen des Getriebes die Synchronisation abgeschlossen. Für die gezielt hervorgerufene Schwingung muss der Antriebsstrang einen berechneten Sollzustand erreichen. Im Hinblick auf den Einsatz in einer großen Anzahl von Fahrzeugkonfigurationen ist die Verwendung eines robusten Verfahrens zielführend, um den Antriebsstrang in den Sollzustand überzuführen. Die flachheitsbasierte Motordrehmomentensteuerung mit integrierter Trajektorienplanung, die den aktuellen Zustand mit dem benötigten Sollzustand verbindet, ist ein geeignetes Verfahren.

Die genaue Kenntnis der Systemparameter, wie die Ruckeleigenfrequenz des Antriebsstrangs, ist für die Steuerung unablässig. Diese variieren beispielsweise in Abhängigkeit von dem Beladungszustand und der Konfiguration des Antriebsstrangs im Fahrzeug. Um einen möglichst großen Bereich abzudecken und die Funktionalität für eine breite Auswahl von Konfigurationen zu ermöglichen, ist der Einsatz einer Identifikation zur Bestimmung der Systemparameter während des Fahrbetriebs notwendig. Die Steuerung adaptiert sich über die identifizierten Parameter. Darüber hinaus sind noch weitere Größen aus dem Antriebsstrang erforderlich, die nicht über die im Fahrzeug verbaute Sensorik gemessen werden können, sondern mittels geeigneten Schätzverfahren rekonstruiert werden müssen. Eine exakte zeitlich koordinierte Ansteuerung der Aktoren ist für diesen Schaltablauf unverzichtbar. Dies erfordert eine Adaption der Aktordynamik. Die Unterfunktionen sind in einer Gesamtstruktur eingebettet und werden von einer übergeordneten Ablaufsteuerung koordiniert und gesteuert.

Die Integration entsprechend der modellbasierten Softwareentwicklung erfolgt in einem Entwicklungssteuergerät. Als Versuchsträger dient ein Mercedes-Benz Actros. Der praktische Nachweis der Funktionalität und der Vorteile des neuen Schaltvorgangs wird in Versuchsfahrten ermittelt.

Abstract

Trucks are the dominating hauling means for freight transportation. The use of automated manual gearboxes is widely spread in current heavy-duty trucks. The coordinated input of several electronic control units connected via a communication bus allows new functions, like the automated gear shift of a non-synchronized manual gearbox. As a matter of principle, interruption of traction occurs during such gear shifts. It is always the aim of the development to minimize this interruption to improve the driving performance of the vehicle. Though the focus is usually on a high driving comfort. The aim at challenging driving situations is a further reduction, where the driver accepts impacts on the comfort. The aim is to accomplish that only by using new software functions and using coordinated collaboration of the connected electronic control units without any change of the mechanical construction of the gearbox.

This work presents a new gear shift process, which accomplishes the reduction of the duration of gear shifts. At first, analysis of the state of the art is performed to show the possible optimization fields for reducing the shifting time. Then, the components of the drive train and their dynamic characteristics are described. Hence a simulation model is developed and is used for the first test of the software functions. Thereupon an analysis is performed to show the influence of the particular components on the dynamic characteristics of the whole drive train. Based on this a model reduced in its complexity is derived, which reproduces the essential dynamic effect, the drive train jerking. The control and function design is based on this simplified model.

On this new gear shift process actuators are not synchronizing the gearbox, but an induced oscillation of the drive train achieves the synchronization. In contrast to the common gear shift process, the gearbox synchronization of the gear shift presented in this work is completed, when the gear is put into neutral. For the targeted induced oscillation, the drive train has to reach a certain calculated desired state. With regard to the application in a big variety of vehicle configurations the use of a robust method is the targeted approach to transfer the drive train to the desired state. The flatness based engine torque feed-forward control with integrated trajectory planning is a suitable method to connect the actual state with desired state.

The exact knowledge of the system parameters, like the jerking eigenfrequency of the drive train, is ceaselessly for the control. These parameters are varying for example as a function of the payload and the configuration of the vehicle. To cover as much varieties as possible and to provide the functionality for a wide selection of configurations, the use of an identification function for the determination of the system parameters is necessary. The control system adopts itself with the identified parameters. Furthermore, some states of the drive train are needed, which cannot be measured by sensor installed in the vehicle, but have to be reconstructed by suitable estimation methods. The exact timed coordinated activation of the actuators is essential for this gear shift process. This requires an adaption of the actuator dynamics. The sub-functions are embedded in a complete framework and coordinated and controlled by the superordinate flow control.

The integration following the model-based software development is carried out on a development electronic control unit. A Mercedes-Benz Actros is used to implement and evaluate the suggested method. The proof of the functionality and benefits of the new gear shift process in practical are evaluated by test drives.

1 Einleitung

Im europäischen Gütertransport stellt der Straßengüterverkehr den Hauptanteil der gesamten Verkehrsleistung. Die Entwicklung der Güterverkehrsleistung der EU15-Staaten in den Jahren 1999–2014 für die Verkehrsarten Straße, Schiene und Binnenschifffahrt zeigt Abbildung 1.1. Das schwere Nutzfahrzeug mit bis zu 40 Tonnen Gesamtgewicht ist das wichtigste Gütertransportmittel mit der größten Verkehrsleistung.

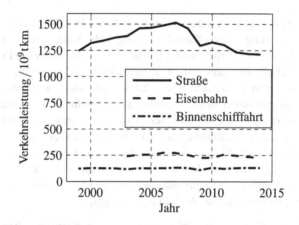

Abbildung 1.1: Entwicklung der Güterverkehrsleistung nach Verkehrsarten innerhalb der EU15-Staaten [12, 13, 14, 15, 16]

Durch den Einzug immer leistungsfähigerer Steuergeräte im Nutzfahrzeug konnte der Fahrer durch eine Automatisierung der Getriebe entlastet werden. Es existieren unterschiedliche Automatisierungsgrade. Im einfachsten Fall erfolgt der Gangwechsel automatisiert, und der Fahrer wählt weiterhin den Gang vor und betätigt die Kupplung. In weiteren Entwicklungen erfolgte die Automatisierung sowohl der Kupplung als auch der Gangwahl. In weitgehend allen aktuellen schweren Nutzfahrzeugen ist dieser Automatisierungsgrad vorhanden, und der Fahrer bedient lediglich das Fahr- und Bremspedal. Die Gangwahl erfolgt automatisiert in Abhängigkeit von der aktuellen Fahrsituation, wobei der Fahrer weiterhin manuelle Eingriffsmöglichkeiten hat. [66]

Die automatisierten Getriebe haben in Europa einen dominierenden Marktanteil inne. In einigen Fahrzeugen sind keine Handschaltgetriebe, auch nicht als Option, erhältlich [108]. Auch in anderen Märkten, wie beispielsweise in Nordamerika, steigt die Verwendung von automatisierten Getrieben an.

Aktuelle automatisierte Schaltgetriebe im schweren Nutzfahrzeug sind mit einer unsynchronisierten Hauptgruppe ausgestattet, um gleichzeitig Verschleißteile einzusparen und das Eingangsdrehmoment zu erhöhen. Die Synchronisation des Getriebes erfolgt durch die koordinierte Zusammenarbeit des Motor- und Getriebesteuergeräts, die über einen Kommunikations-Bus miteinander verbunden sind. [97, 108]

In der Regel muss bei einem Schaltvorgang das Motordrehmoment abgebaut werden, und die Kupplung trennt während des Gangwechsels den restlichen Antriebsstrang vom Motor, d. h. es tritt eine Zugkraftunterbrechung auf. Viele Entwicklungen hatten gleichermaßen zum Ziel, die Zugkraftunterbrechungszeit zu verkürzen und den Fahrkomfort zu erhöhen. Unter herausfordernden Fahrsituationen, z. B. die Anfahrt und Schaltung in einer großen Steigung, findet die Schaltzeit eine besondere Beachtung. Während eines Schaltvorgangs in einer Steigung reduziert sich die Fahrzeuggeschwindigkeit während der Zugkraftunterbrechung. Fällt die Motordrehzahl zu weit ab, kann der Wunschgang nicht eingelegt werden, oder die vorhandene Leistung des Motors ist zu gering, um das Fahrzeug weiter beschleunigen zu können. Dies führt unter ungünstigen Umständen zum Stillstand des Fahrzeugs, und eine erneute Anfahrt ist notwendig.

Das Ziel der Arbeit ist die Beschleunigung des Schaltvorgangs, bzw. die Verkürzung der Zugkraftunterbrechungszeit eines automatisierten, unsynchronisierten Schaltgetriebes im schweren Nutzfahrzeug. Der Fokus wird dabei auf herausfordernde Fahrsituationen gelegt, wobei Einbußen des Fahrkomforts hingenommen werden. Dies soll nur durch neue Softwarefunktionen mit steuerungs- und regelungstechnischen Methoden erzielt werden, die keine Änderung der mechanischen Konstruktion des Getriebes erfordern.

In einem ersten Schritt gibt Kapitel 2 eine Übersicht über den Stand der Technik. Es beschreibt den Aufbau eines aktuellen automatisierten, unsynchronisierten Schaltgetriebes im schweren Nutzfahrzeug. Den Ausgangspunkt stellt die Analyse des aktuellen Schaltvorgangs dar, um Optimierungspunkte zu identifizieren. Eine Recherche liefert den Überblick über die bekannten Verfahren und Methoden.

Im Weiteren beschreibt Kapitel 3 die dynamischen Eigenschaften der Komponenten des gesamten Antriebsstrangs. Eine Analyse des kompletten Antriebsstrangs liefert die wesentlichen dynamischen Eigenschaften und deren Einflussfaktoren.

Daraus wird ein Simulationsmodell und ein in der Ordnung reduziertes Steuerungsentwurfsmodell entwickelt.

Einen neuen Schaltablauf mit der Getriebesynchronisation über eine gezielt angeregte Antriebsstrangschwingung mit dem Ziel der Schaltzeitverkürzung präsentiert Kapitel 4. Die dafür notwendigen Randbedingungen werden berechnet. Zum Erreichen dieses Sollzustands wird eine flachheitsbasierte Steuerung mit Trajektorienplanung eingesetzt. Den Abschluss bildet der erste Test des Schaltvorgangs mit Steuerung anhand von Simulationen.

Im Anschluss an den Nachweis der prinzipiellen Funktionalität des neuartigen modifizierten Schaltablaufs behandelt Kapitel 5 die noch notwendigen Komponenten. Da sich das Schwingungsverhalten des Antriebsstrangs mit der Beladung des Fahrzeugs ändert, ist eine Identifikation der Systemparameter während des Fahrbetriebs erforderlich. Des Weiteren rekonstruiert ein Antriebsstrangbeobachter die nicht über die Fahrzeugsensorik direkt messbaren Größen. Den Abschluss dieses Kapitels bildet die Beschreibung der Adaptionsstrategie.

Nach dem Entwurf der notwendigen Funktionen zeigt Kapitel 6 die komplette Steuerungsstruktur, in der alle Funktionen zusammenarbeiten. Der letzte Schritt ist der Test des neuen Schaltablaufs mit der Getriebesynchronisation über eine gezielt angeregte Antriebsstrangschwingung im Fahrversuch. Diese Arbeit endet mit einer kurzen Zusammenfassung mit Bewertung und einem Ausblick in Kapitel 7.

2 Stand der Technik

Dieses Kapitel gibt einen Überblick über den aktuellen Stand der Technik der automatisierten Schaltgetriebe im schweren Nutzfahrzeug. Der Abschnitt 2.1 stellt kurz die Entwicklung bis hin zu den aktuellen Getrieben vor. Des Weiteren wird der Schaltvorgang in unterschiedlichen Varianten ausführlich erläutert. Eine Analyse des aktuellen Schaltvorgangs in Kapitel 2.2 liefert Erkenntnisse über das Optimierungspotenzial der einzelnen Schaltphasen. Das Kapitel 2.3 gibt einen Überblick über die für diese Arbeit relevanten bereits bekannten Methoden und Verfahren. Im Fokus steht dabei die Steuerung und Regelung des gesamten Antriebsstrangs und des Schaltvorgangs. Weiterhin erfolgt die Betrachtung der konstruktiven Möglichkeiten zur Optimierung des Getriebes.

2.1 Nutzfahrzeuggetriebe und Schaltvorgang

In aktuellen automatisierten Getrieben im schweren Nutzfahrzeug führen Aktoren sowohl den Gangwechsel als auch die Betätigung der Kupplung aus. Da für die Bremsen eine Druckluftanlage vorhanden ist, werden häufig pneumatische Aktoren eingesetzt.

Die ersten automatisierten Nutzfahrzeuggetriebe waren noch mit einer mechanischen Sperrsynchronisierung ausgestattet. Die immer leistungsfähigeren Steuergeräte mit ihren umfangreicheren Funktionen und deren Vernetzung ermöglichen es, dass aktuelle Getriebe als unsynchronisierte Klauengetriebe ausgeführt sind [41]. Durch den Wegfall der mechanischen Sperrsynchronisierung können dem Verschleiß unterliegende Synchronringe eingespart und die Zahnräder um den freien axialen Bauraum verbreitert werden. Dadurch erhöht sich das maximale Eingangsdrehmoment bei gleichbleibenden Getriebeabmessungen [97].

Bei der mechanischen Sperrsynchronisierung erfolgt die Drehzahlanpassung der Vorgelegewelle mechanisch über Reibflächen, sodass erst bei Drehzahlgleichheit der Gang eingelegt werden kann. Bei Wegfall der mechanischen Sperrsynchronisation erfolgt die Drehzahlanpassung gesteuert durch das Zusammenspiel von Getriebe- und Motorsteuergerät. Die Drehzahlabsenkung der Vorgelegewelle übernimmt eine Lamellenbremse, die elektro-pneumatisch durch das Getriebesteuergerät gezielt angesteuert wird. Für einen Schaltvorgang ist die exakte koordinierte

Ansteuerung aller Aktoren durch das Getriebe- und das Motorsteuergerät notwendig.

Der Schaltablauf gliedert sich in fünf Phasen, die in Abbildung 2.1 für eine beispielhafte Schaltung markiert sind. Die Schaltphasen eines automatisierten Schaltgetriebes sind in den Arbeiten [50], [78] und [23] detailliert beschrieben. Vor einer Schaltanforderung ist der Antriebsstrang vollständig geschlossen, der Motor gibt das über das Fahrpedal angeforderte Drehmoment ab und die Leistung wird über den restlichen Antriebsstrang an die Räder abgegeben. In der ersten Phase einer jeden Schaltung wird das Motordrehmoment vom Fahrerwunschdrehmoment auf Nullmoment reduziert und der Antriebsstrang möglichst vollständig entspannt. Dies verhindert beim Trennen der Kupplung eine Drehzahlerhöhung des Motors und vermindert Schwingungen im Antriebsstrang.

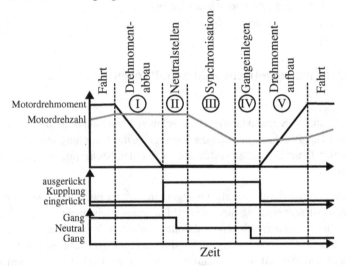

Abbildung 2.1: Ablauf eines Schaltvorgangs

Der aktuell eingelegte Gang wird in der nachfolgenden Phase ausgelegt, und bei Bedarf die Split- und Rangegruppe geschaltet. In der anschließenden Synchronisationsphase reduziert bei einer Hochschaltung die Getriebebremse die Drehzahl der Vorgelegewelle auf die Synchrondrehzahl des Zielgangs. Im Falle einer Rückschaltung hingegen erhöht der Motor bei teilweise oder ganz geschlossener Kupplung die Drehzahl auf Synchrondrehzahl. Mit Erreichen der Zieldrehzahl beginnen die Aktoren den Zielgang einzulegen. Dabei kann es zu einer Zahn-auf-Zahn-Stellung kommen, sodass die Klauen nicht sofort einspuren können. Gegebenenfalls müssen mit Hilfe der Kupplung oder des Motors die Klauen gegeneinander verdreht werden, sodass diese einspuren. Eine Zahn-auf-Zahn-Stellung verlängert stets den Schaltvorgang. Nach Abschluss des Gangwechsels wird in der letzten Phase die Kupplung vollständig eingerückt und das Motordrehmoment wieder bis zum Fahrerwunschdrehmoment aufgebaut.

Bei einem alternativen Schaltablauf wird, wie in [72] und [22] beschrieben, die Kupplung nicht getrennt und der Antriebsstrang nur durch die Reduzierung des Motordrehmoments entspannt. Die Aktoren legen bei weiterhin geschlossener Kupplung den Gang aus, und die Synchronisation erfolgt lediglich durch Befeuern des Motors bzw. durch Einsatz der Motorbremssysteme. Nach dem Einlegen des Zielgangs erfolgt entsprechend zum vorherigen Schaltablauf der Drehmomentenaufbau.

Neben dem Einsatz im Nutzfahrzeug betrachten auch einige Arbeiten das automatisierte Schaltgetriebe im Pkw. Beispielsweise sind in [77] sowohl der Aufbau inkl. Sensorik und Aktorik als auch die Schaltphasen ausführlich beschrieben. Ebenso erläutern [10] und [11] die Systemkomponenten des Getriebes und gehen detaillierter auf den Schaltablauf ein. Bei aktuellen Pkw geht die Entwicklung in den letzten Jahren weg von den automatisierten Schaltgetrieben und hin zu Doppelkupplungs- und Automatikgetrieben, die zugkraftunterbrechungsfreie Schaltungen ermöglichen.

Bei schweren Nutzfahrzeugen hingegen werden weiterhin überwiegend automatisierte Schaltgetriebe eingesetzt, obwohl bereits einige wenige Doppelkupplungsgetriebe im Nutzfahrzeug eingesetzt werden. Prinzipbedingt reduziert sich während des Schaltvorgangs die Zugkraft am Rad bis auf null. Während dieser Zugkraftunterbrechung wird das Fahrzeug durch die Fahrwiderstände, wie Luft- und Steigungswiderstand, verzögert. In der Forschung und Entwicklung der Getriebe und Getriebesteuerung ist es daher stets das Ziel, die Zugkraftunterbrechungszeit zu verkürzen. Dies steigert die Fahrleistungen des Fahrzeugs, insbesondere bei herausfordernden Fahrbedingungen, wie sie beispielsweise bei der Bergfahrt mit großer Steigung auftreten. Neben der Fahrleistung nimmt der Fahrkomfort bei aktuellen Nutzfahrzeugen einen immer größeren Stellenwert ein.

2.2 Analyse des Schaltvorgangs

Eine Analyse des Schaltvorgangs soll im Folgenden die Potenziale für eine Verkürzung oder Optimierung des Schaltvorgangs identifizieren. Bedingt durch den

Aufbau des schweren Nutzfahrzeuggetriebes gibt es unterschiedliche Schaltabläufe. So unterscheidet sich die Hoch- von der Rückschaltung des Getriebes durch die Art der Synchronisation. Im einen Fall erfolgt die Drehzahlanpassung durch die Ansteuerung einer Getriebebremse und im anderen Fall durch den Verbrennungsmotor. Da die schweren Nutzfahrzeuggetriebe mit drei Gruppen, der Vorschalt-, Haupt- und Nachschaltgruppe, aufgebaut sind, unterscheiden sich die Schaltvorgänge voneinander, je nachdem welche Gruppen am Schaltvorgang beteiligt sind. Eine Auswertung der Schaltungen von Kollektivmessfahrten zeigt, wie häufig die Getriebegruppen an einem Schaltvorgang beteiligt sind. In Abbildung 2.2 ist die Häufigkeit für die Split-, Haupt- und Rangegruppe aufgetragen. Schaltvorgänge mit Beteiligung der Hauptgruppe treten am häufigsten auf. Bei jeder Rangeschaltung, die am seltensten auftritt, ist auch die Hauptgruppe betroffen, da das Getriebe nach Neutral geschaltet werden muss. Die zweitgrößte Häufigkeit hat die Splitschaltung, wobei die reinen Splitschaltungen und Schaltungen in Kombination mit Haupt- und Rangegruppe zusammengefasst sind.

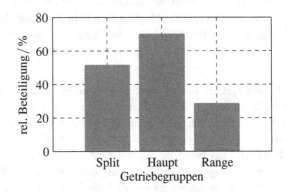

Abbildung 2.2: Anteil der Getriebegruppen mit Beteiligung am Schaltvorgang

Einige weitere Kriterien sind für eine Klassifizierung der Schaltvorgänge sinnvoll, wie die Unterteilung, ob die Schaltungen in der unteren oder oberen Bereichsgruppe oder während einer Zug- oder Schubphase stattfinden. Im Hinblick auf eine Optimierung der Schaltzeit bzw. der Verbesserung der Fahrleistung ist es zweckmäßig, die Schaltvorgänge auch dahin gehend zu bewerten, wie zeitkritisch der Schaltvorgang ist. Zeitlich unkritisch sind Schaltungen, die in der Ebene bei höheren Geschwindigkeiten in den höheren Gängen stattfinden, wie dies bei einer Fahrt auf der Autobahn gegeben ist. Der Geschwindigkeitsverlust ist in diesen Betriebspunkten nicht entscheidend.

Der Fokus dieser Arbeit liegt auf den besonders zeitkritischen Schaltvorgängen, die während herausfordernden Fahrsituationen auftreten. Eine solche stellt die Anfahrt und die Beschleunigung eines voll beladenen Fahrzeugs an einer Steigung dar. Da während des Schaltvorgangs die Zugkraft unterbrochen wird, verursachen die Fahrwiderstände eine Verzögerung des Fahrzeugs. Ist der Geschwindigkeitsverlust zu groß, sodass die Fahrzeuggeschwindigkeit für den nächsten Gang zu gering ist, muss eine Rückschaltung ausgeführt werden. Diese Arbeit stellt ein Verfahren für einen Schaltvorgang vor, das die Fahrleistungen in solchen Fahrsituationen steigert, wobei eine Einschränkung des Fahrkomforts hingenommen wird.

Dementsprechend sind die Hochschaltungen unter Zug in niedrigeren Gängen im Fokus. Die Schaltungen unter Beteiligung der Rangegruppe findet keine Beachtung, da diese am seltensten auftreten und ein großer Teil der Schaltzeit vom Wechsel der Bereichsgruppe dominiert ist. Dies ist ersichtlich aus den relativen Zeitanteilen der einzelnen Schaltphasen in Abbildung 2.3.

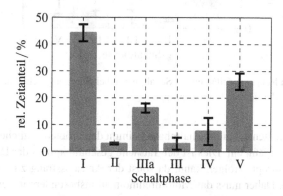

Abbildung 2.3: Relativer Zeitanteil der Schaltphasen von Schaltungen mit Beteiligung der Rangegruppe

Die Nummerierung der Schaltphasen entspricht der Darstellung in Abbildung 2.1. Die Synchronisierungsphase ist aufgeteilt in den Anteil, der für die Schaltung der Rangegruppe (IIIa) benötigt wird und die für die Hauptgruppe (III). Genauso verursacht bei Schaltungen mit Splitgruppe die Sperrsynchronisation der Vorschaltgruppe einen Teil der Synchronisationszeit und soll hier ausgeschlossen werden. Bei reinen Splitschaltungen wird nur die Kupplung geöffnet, der Splitaktor angesteuert und anschließend die Kupplung wieder geschlossen. Da die Schaltzeit bei diesem Schaltvorgang sehr kurz ist und keine Variation des Schaltablaufs möglich ist, werden diese ebenso von den Betrachtungen ausgeschlossen.

Durch die Eingrenzung liegt der Fokus somit auf den Hochschaltungen in der unteren Bereichsgruppe, bei denen nur die Hauptgruppe beteiligt ist. Eine Analyse dieser Schaltungen aus Kollektivmessfahrten liefert die relativen Zeitanteile der einzelnen Schaltphasen am gesamten Schaltvorgang und zeigt somit die möglichen Potenziale für Optimierungen. Das Ergebnis mit den oben angegebenen Kriterien zeigt die Abbildung 2.4. Die zeitlichen Anteile und die dazugehörige Standardabweichung der einzelnen Schaltphasen sind darin aufgetragen.

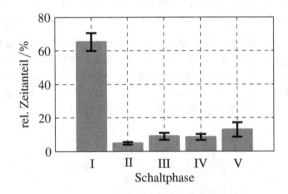

Abbildung 2.4: Relativer Zeitanteil der Schaltphasen bei Ganzganghochschaltungen in der unteren Bereichsgruppe

Der Drehmomentenabbau in Schaltphase I nimmt den größten zeitlichen Anteil an einem Schaltvorgang ein. Dies ist der Tatsache geschuldet, dass der Drehmomentabbau nicht abrupt erfolgen kann, da sonst der Antriebsstrang zum Schwingen angeregt wird. Daher muss das Motordrehmoment insbesondere in den niedrigen Gängen mit der großen Übersetzung behutsam reduziert werden, zum Beispiel über eine Drehmomentenrampe. Die große Standardabweichung wird dadurch verursacht, dass das Motordrehmoment von unterschiedlichen Ausgangsniveaus abgebaut werden muss und sich dies direkt auf die Abbauzeit auswirkt. Durch den hohen Zeitanteil ist diese Schaltphase interessant für eine Reduzierung der Schaltzeit.

Den kleinsten Zeitanteil benötigt in Schaltphase II das Neutralstellen des Getriebes. Der größte Teil dieser Phase ist durch die Totzeit bei der Ansteuerung des Gangaktors, der über das Getriebesteuergerät angesteuert den Gang auslegt, geprägt. Die kleine Standardabweichung zeigt, dass dieser Vorgang meist in gleicher Art und Weise abläuft. Aufgrund des geringen Zeitanteils und der geringen Streuung ist das Potenzial für einen Beitrag zur Schaltzeitverkürzung in dieser Phase sehr klein.

Nach dem Neutralstellen erfolgt in Schaltphase III durch die Ansteuerung einer Getriebebremse die Synchronisation des Getriebes. Die Variation der Zeiten in dieser Phase ist davon geprägt, wie groß die notwendige Drehzahländerung für die Synchronisation ist. Je größer diese ist, umso länger dauert dieser Vorgang.

Die Zeit für Schaltphase IV mit dem Gangeinlegen beinhaltet zum einen die Totzeit beim Ansteuern des Gangaktors und zum anderen die möglichen Zahn-auf-Zahn-Stellungen beim Gangeinlegen. Dies ist auch Ursache für die größere Varianz im Vergleich zum Neutralstellen. Eine Optimierung beim Einspuren kann beispielsweise durch mechanische Änderungen an den Schaltklauen erreicht werden.

Den Abschluss bildet mit Schaltphase V der Drehmomentenaufbau bis zum Fahrerwunschdrehmoment. Da die Zeit hierfür relativ klein ist, wird diese Phase im weiteren Verlauf der Arbeit nicht betrachtet.

Der Drehmomentenabbau in Verbindung mit der Synchronisationsphase hat daher das größte Potenzial für Schaltzeitverkürzungen. Das in dieser Arbeit vorgestellte Verfahren für den Schaltvorgang adressiert diese Schaltphasen.

2.3 Bekannte Verfahren und Methoden

Durch den Einsatz von Steuergeräten im Antriebsstrang, beispielsweise für Motor und Getriebe, existiert eine große Bandbreite von steuerungs- und regelungstechnischen Methoden und Verfahren. Ein großer Teil der bekannten Arbeiten hat zum Ziel, den Fahrkomfort zu erhöhen, indem Schwingungen im Antriebsstrang reduziert werden. Eine weitere Gruppe behandelt die Möglichkeiten zur Optimierung des Drehmomentenabbaus zu Beginn und während der Synchronisationsphase einer Schaltung. Dabei ist nicht nur der Fahrkomfort im Fokus, sondern es besteht auch das Ziel, den Schaltvorgang zu verkürzen. Um eine Verkürzung der Zugkraftunterbrechungszeit zu erreichen, ist jede Phase des im vorherigen Abschnitt beschrieben Schaltablaufs Gegenstand der Untersuchungen. Häufig beeinflussen die einzelnen Schaltphasen sich gegenseitig und können daher meist nicht vollständig isoliert voneinander betrachtet werden. Für eine Optimierung kommen nicht nur steuerungs- und regelungstechnische Verfahren, sondern auch verschiedene mechanische Lösungen zum Einsatz, die den Abschluss dieses Abschnitts bilden.

Eine Fülle von Arbeiten betrachten die Möglichkeiten, die Antriebsstrangschwingungen während der Fahrt zu reduzieren, die meist durch eine Änderung des Motordrehmoments mit großen Gradienten angeregt werden. Der Einfluss der Getriebeübersetzung und des Reifenschlupfs auf das Schwingungsverhalten des Antriebsstrangs wird in [64] untersucht. Bei einer gesteuerten rampenförmigen Drehmomentenänderung wird die Überschwingweite der Schwingungen in Abhängigkeit von der Anstiegsdauer des Motordrehmoments betrachtet. Darüber hinaus analysiert [17] die Auswirkungen des Aufbaunickens, der Verwendung eines Zweimassenschwungrads oder Tilgers am Schwungrad auf die Antriebsstrangschwingungen. Zur Reduzierung dieser werden gesteuerte Varianten betrachtet, bei denen das Motordrehmoment einer Rampe, der Sprungantwort eines PT_2-Glieds oder einer Cosinus-Funktion folgt. Eine Variante der aktiven Dämpfung besteht darin, dass während des Durchlaufens der Rampe eine Drehmomentenrücknahme erfolgt. Die durch die beiden Anregungen verursachten Schwingungen kompensieren sich gegenseitig.

Entsprechend dazu untersucht auch [34] den Einfluss der unterschiedlichen Elemente des Antriebsstrangs, wie die Reifen und die Aggregatelagerung, und die Anstiegszeit bei einer Drehmomentenrampe auf das Schwingungsverhalten. Zur Dämpfung wird die Drehwinkelbeschleunigung des Motors über ein DT_1- und PT_1-Glied auf das Soll-Motordrehmoment zurückgeführt. Ebenso schlägt [90] am Beispiel eines Powersplit-Hybridfahrzeugs die Rückführung der zeitlichen Ableitung der Motordrehzahl zur Dämpfung vor. In beiden Fällen werden keine genaueren Angaben zur Realisierung gegeben.

Durch das Ankoppeln eines virtuellen Feder-Dämpfer-Masse-Systems an das Motormassenträgheitsmoment wird in [56] die erwünschte Dämpfung des Antriebsstrangs erzielt, indem der Motor das berechnete virtuelle Drehmoment stellt. Einen vergleichbaren Ansatz verfolgt [63] durch die Einführung eines virtuellen Dämpfungsfaktors. Dieser wird entweder durch die Rückkopplung des Seitenwellendrehmoments oder der Differenzdrehzahl zwischen Motor und Rad realisiert. Alternativ wird ein virtuelles Motormassenträgheitsmoment festgelegt, das durch eine Rückführung des Seitenwellendrehmoments erreicht wird. Dabei wird das virtuelle Massenträgheitsmoment kleiner als das des realen Motors gewählt, sodass die Eigenfrequenz der Ruckelschwingung höher liegt und schwächer ausgeprägt ist. Bei diesen drei Ansätzen ist die Rückführgröße nicht direkt messbar und wird über einen Luenberger-Beobachter rekonstruiert. Zum Vergleich wird diesen Verfahren abschließend ein Zustandsregler mit Beobachter, der über eine Polvorgabe ausgelegt wird, gegenübergestellt.

Ein Zustandsregler mit Linear Quadratic Riccati (LQR)/Loop Transfer Recovery (LTR)-Auslegung mit einem Kalman-Filter als Zustandsbeobachter wird in [71] untersucht. Ein Vergleich von einem PID-Regler, einem über Polvorgabe ausgelegten Zustandsregler und einem LQR/LTR-Regler erfolgt in [24]. Zusätzlich zu diesen Verfahren betrachtet [21] aufgrund des nichtlinearen Verhaltens des Verbrennungsmotors einen Backstepping-Ansatz. [73] schlägt als Erweiterung der Regler-Quer-Verstellung zur Drehzahlregelung eines Dieselmotors die Verwendung eines Zustandsreglers vor, der mittels LQG-Methode (Linear Quadratic Gaussian) ausgelegt wird, um die Antriebsstrangschwingungen bzw. die Drehzahldifferenz zwischen Motor und Rad zu dämpfen.

In [3] und [5] dämpft ein mittels Polvorgabe parametrierter digitaler linearer PID-Regler die Schwingungen. Ein nichtlineares Kalman-Filter schätzt mit Berücksichtigung der Lose und der Totzeiten im System die für den Regler notwendigen internen Zustandsgrößen.

Mit der sogenannten „response surface" Methode verfolgt [88] einen anderen Ansatz. Hierfür werden offline die Pole des linearisierten Systems für eine große Bandbreite an Betriebspunkten bestimmt. Ein Filter verändert während der Fahrt das Solldrehmoment in der Gestalt, dass die im Voraus berechneten dominanten Pole des Systems kompensiert werden und die Pole des Filters das gewünschte Verhalten des Systems vorgeben. Der Einfluss eines nicht genauen Aufeinandertreffens der Nullstellen wird hierbei nicht untersucht.

Durch den Einsatz eines Smith-Prädiktors wird das Verhalten des Antriebsstrangs innerhalb der Totzeit, beispielsweise durch den CAN-Bus verursacht, prädiziert und als Eingangssignal für den Regler verwendet. Der in [4] vorgestellte Algorithmus kompensiert auf diese Weise die Totzeit des Systems. Als Dämpfungsregler findet ein nach dem Wurzelortskurvenverfahren parametrierter PD-Regler Anwendung. [6] verwendet ebenso einen Smith-Prädiktor zur Kompensation der Totzeit am Beispiel eines Pkw-Antriebsstrangs. Ein sehr einfacher Modellansatz stellt die Entwurfsgrundlage dar. Ein PT_1-Glied simuliert das Verhalten des Motors, und das komplette restliche Antriebsstrangdrehmoment wird als Störgröße betrachtet. Durch den Einsatz eines Bandpasses wird erreicht, dass nur die unerwünschten Schwingungen und nicht die beabsichtigten Drehmomenteingriffe gedämpft werden.

Der Fokus von [53] liegt auf der in einem Antriebsstrang vorhandenen Lose, die bei Tip-In/Tip-Out Fahrmanövern Schwingungen hervorrufen können. Verschiedene Ansätze zur Dämpfung der Schwingungen werden vorgeschlagen. Neben einem robust ausgelegten PID-Regler wird auch eine nichtlineare passive Regelung verwendet. In Abhängigkeit davon, ob der Antriebsstrang sich innerhalb der Lose oder im Anschlag befindet, wird zwischen zwei linearen Reglern gewechselt. Ein weiterer Ansatz hat zum Ziel, die Freiflugphase schnell und kontrolliert zu überwinden: durch den Einsatz eines PID-Reglers, einer optimalen Steuerung oder einer modellprädiktiven Steuerung. Der benötigte Zustandsbeobachter zur Schätzung der Lose ist als erweitertes Kalman-Filter ausgeführt. Ebenso wird in [92] ein solcher Beobachter erläutert, der in diesem Fall über das LTR-Verfahren ausgelegt wird. Die Schwingungen im Antriebsstrang werden durch das Begrenzen und Halten des Motordrehmoments beim Durchfahren der Lose erreicht.

Um bei hoher Dynamik nur kleine Antriebsstrangschwingungen zu erreichen, schlägt [100] vor, mittels einer Fuzzy-Fusionierung zwischen einem Komfort- und einem Dynamikregler umzublenden. Ein PD-Regler, ein nach dem LQR-Verfahren ausgelegter Zustandsregler oder ein modellprädiktiver Regler sind die nach [99] möglichen Varianten. Die benötigten Zustände werden mittels eines Kalman-Filters, einer „recursive predictive-error" Methode oder einem „recursive bootstrap" Algorithmus geschätzt. Die Regler sind adaptiv ausgeführt, und die dafür notwendige Parameterschätzung führt eine rekursive oder kontinuierliche Methode der kleinsten Quadrate oder ein Wurzelortsfilter durch. Die verschiedenen Regler und Verfahren werden anhand von Simulationen erprobt und einem Vergleich unterzogen.

Zur Dämpfung der Ruckelschwingung setzt [48] einen Tiefpassfilter für Drehmomentenanforderung ein. Für eine aktive Kompensation der Schwingung wird ein Optimalregler eingesetzt. In den Arbeiten [32] und [105] wird vorgeschlagen, dass ein Filter das angeforderte Motordrehmoment derart verändert, dass keine Schwingung des Antriebsstrangs angeregt wird. Die restlichen Schwingungen werden über einen modellbasierten Regler eliminiert. Der Aufbau des Filters und des Reglers wird nicht beschrieben. Die für den modellbasierten Ansatz notwendigen Antriebsstrangparameter werden über eine Offline-Identifikation mittels nichtlinearer Methode der kleinsten Quadrate oder während der Laufzeit (online) über ein erweitertes Kalman-Filter bestimmt. [74] verfolgt mit einem Vorfilter als Führungsformer und einem Störregler zum Dämpfen der auftretenden Schwingungen den gleichen Ansatz. Der Vorfilter ist als PDT_1-Glied und der Störregler als PI-Regler realisiert. Es wird eine modellbasierte Off- und Online-Auslegung vorgenommen. Eine nichtlineare Methode der kleinsten Quadrate bestimmt die Modellparameter. Über diese werden im Voraus über eine Parametervariation mit Minimierung eines Gütekriteriums die Regler- und Filterparameter ausgewählt. Für die Online-Auslegung erfolgt die Parameterbestimmung mit einem erweiterten Kalman-Filter.

Über die bisher betrachteten Fälle der Schwingungsdämpfung während der Fahrt hinaus befasst sich [87] mit dem Anfahrvorgang am Beispiel eines Fahrzeugs mit

Doppelkupplungsgetriebe. Dabei arbeiten ein Motordrehzahlregler und ein Dämpfungsregler parallel, wobei zur Separation der Anregung ein Tief- und Bandpass eingesetzt wird und die Summe der Ausgangsgrößen den Kupplungsaktor ansteuert. Es wird ein linearer optimaler Regler eingesetzt, und der Beobachterentwurf erfolgt mittels LTR und Kalman-Filter mit LQG-Auslegung. [9] setzt ebenso für den Anfahrvorgang eine optimale Steuerung des Kupplungsaktors ein.

Nach dem Überblick über die Arbeiten, die eine Verbesserung des Fahrkomforts zum Ziel haben, werden im Folgenden die regelungs- und steuerungstechnischen Verfahren, die den Drehmomentenabbau zu Beginn einer Schaltung und den Schaltvorgang verkürzen, betrachtet.

Aus der Antriebsarbeit, der Längsbeschleunigung und der Reibenergie der Kupplung bestimmt [55] ein Gütekriterium für die einzelnen Schaltphasen eines automatisierten Schaltgetriebes. Dieses wird für die Lösung der optimalen Steuerung herangezogen, um die optimalen Trajektorien für die Kupplungsposition und die Motordrehzahl zu bestimmen. [47] stellt eine adaptive Motordrehmomentenführung zum vollständigen Entspannen des Antriebsstrangs zu Beginn eines Schaltvorgangs vor. Eine auf dem Prinzip der Flachheit eines Systems beruhende Steuerung wird hierzu entworfen. Eine rekursive Methode der kleinsten Quadrate bestimmt die Systemparameter, die zur Adaption der Steuerung verwendet werden.

Der in [26] vorgestellte Algorithmus trennt die Kupplung, sobald ein nichtlinearer Beobachter das Nullmoment im Antriebsstrang detektiert. Simulationen zeigen, dass beim Ausrücken der Kupplung Schwingungen vermieden werden. Ebenso stellt [1] verschiedene gesteuerte Ansätze zum Drehmomentenabbau vor. Neben diversen Variationen von linearen Rampen finden auch die Sinusfunktion und zwei aufeinanderfolgende Stufen Anwendung für die Steuerung des Motordrehmoments. Darüber hinaus wird auch noch ein D-Regler ohne und mit Vorsteuerung betrachtet.

Neben der Steuerung des Motordrehmoments existiert auch eine große Auswahl von Arbeiten mit geregelten Ansätzen. [71] setzt einen PID-Regler ein, der das von einem Beobachter mit LQR-Auslegung geschätzte Seitenwellendrehmoment vor einer Schaltung auf null reduziert und die Kupplung ohne Schwingung trennt. In [72] entspannt ebenso ein PID-Regler mit einem Kalman-Filter als Beobachter den Antriebsstrang, sodass der Gang ausgelegt werden kann, ohne die Anfahrkupplung zu trennen. [21] und [23] entwerfen einen Regler mit backstepping-Ansatz, um das nichtlineare Verhalten des Motors zu kompensieren. Dieser Regler entspannt zu Beginn der Schaltung den Antriebsstrang und führt die Drehzahlsynchronisation während der Neutralphase durch.

Einen kombinierten Einsatz eines PID-Reglers und eines Zweipunkt-Reglers für die Motordrehzahl schlägt [27] vor, mit dem Ziel einen sanften Schaltvorgang zu erreichen. Diesen Ansatz greift [107] auf und erweitert die beiden Regler um eine Vorsteuerung und um einen LQR-Zustandsregler für die Getriebeaktoren. Einen kaskadierten PI-Regler für die Kupplungsposition und das Motordrehmoment verwendet [29, 30], um keine Schwingungen beim Schließen der Kupplung zu erregen, die anhand von Simulationen getestet werden.

Einige weitere Arbeiten betrachten ausschließlich die Möglichkeit, einen Beobachter für das Antriebsstrangdrehmoment zu entwerfen. In diesen werden ein Luenberger-Beobachter nach Ricatti [35] ausgelegt, ein nichtlinearen reduzierten Beobachter [25] und ein erweitertes Kalman-Filter [93] betrachtet.

Neben den steuerungs- und regelungstechnischen Verfahren sind auch mechanische Optimierungen zum Beschleunigen eines Schaltvorgangs im Fokus von Untersuchungen. In [68] und [67] wird ein automatisiertes, unsynchronisiertes Klauengetriebe für einen Pkw betrachtet. Die Einflussfaktoren für die Wahrscheinlichkeit einer Zahn-auf-Zahn-Stellung werden analysiert und Möglichkeiten zur Optimierung der Klauengeometrie aufgezeigt, um den Einspurvorgang zu verbessern. Ebenso wird in [54] an einem Pkw-Getriebe der Einfluss der Differenzdrehzahl an den Klauen und der Klauengeometrie auf das Einspurverhalten untersucht. [7] analysiert das Einspurverhalten und die Einspurwahrscheinlichkeit der Klauenkupplungen an einem unsynchronisierten Busgetriebe. Eine Verbesserung des Gangeinlegens wird durch Berücksichtigung der Differenzdrehzahl und dem aktuellen pneumatischen Ansteuerdruck der Vorgelegewellenbremse erzielt.

[101] schlägt vor, die mechanische Sperrfunktion am Synchronring und der Schaltmuffe in einem automatisierten Schaltgetriebe entfallen zu lassen und die Synchronisation durch Steuerung des Schaltaktors vorzunehmen. Das Getriebesteuergerät erfasst die Drehzahldifferenz und schaltet in den Zielgang kurz vor Erreichen der Drehzahlsynchronität. Durch die angeregte Antriebsstrangschwingung spurt die Schaltmuffe sanft ein. Die Antriebsstrangschwingung wird hier nicht zur Synchronisation, sondern lediglich zum verbesserten Einspuren verwendet.

Über die Optimierung von bereits verwendeten Bauteilen hinaus wird in [36] und [37] eine zweigeteilte Schiebemuffe mit Klauen in einem Pkw-Getriebe präsentiert. Diese ermöglicht es, die Gänge nahezu ohne Zugkraftunterbrechung zu wechseln, da durch den zweigeteilten Aufbau beim Gangwechsel kurzzeitig zwei Gänge gleichzeitig eingelegt sind und während des gesamten Schaltvorgangs Drehmoment übertragen wird. Eine Betrachtung der Einsatzfähigkeit in einem Lkw mit den deutlich größeren Massenträgheitsmomenten im Antriebsstrang erfolgte nicht.

Verschiedene Konzepte zeigen, dass durch konstruktive Maßnahmen automatisierte Schaltgetriebe teilweise lastschaltfähig sind. Im unterbrechungsfreien Schaltgetriebe ist zwischen Motor und Getriebeausgangswelle eine Lastschaltkupplung verbaut [40]. Somit ist es möglich, die Drehzahlanpassung des Motors und der Eingangswelle durchzuführen, indem das Drehmoment über die zusätzlich verbaute Kupplung am Abtrieb abgestützt wird. Gleichzeitig wird der Gangwechsel durchgeführt, und daher tritt während des gesamten Schaltvorgangs keine Zugkraftunterbrechung auf.

Das elektrische Schaltgetriebe aus [18] kombiniert das unterbrechungsfreie Schaltgetriebe mit einem Elektromotor, der an der Eingangswelle des Getriebes angebunden ist. Neben der Funktion als Startergenerator ermöglicht dieser eine Lastschaltung durchzuführen, da er über die Lastschaltkupplung Leistung an den Getriebeausgang abgibt.

Ein Doppelkupplungsgetriebe, das häufig in Pkw eingesetzt wird, eliminiert die Zugkraftunterbrechung vollständig. Ein Beispiel für den Einsatz im Nutzfahrzeugbereich wird in [91] vorgestellt. In dieser Ausführung ist die Splitgruppe durch die Doppelkupplung lastschaltbar. Ebenso ermöglicht das „TraXon Dual" Doppelkupplungsmodul der ZF Friedrichshafen AG ein Schalten ohne Zugkraftunterbrechung innerhalb der drei Gänge der Vorschaltgruppe [106]. Ist bei diesen Getrieben bei einer Schaltung die Hauptgruppe oder die Nachschaltgruppe beteiligt, entspricht diese der eines gewöhnlichen automatisierten Schaltgetriebes mit Zugkraftunterbrechung.

Das „i-shift" Doppelkupplungsgetriebe von Volvo Trucks stellt einen weiteren Vertreter dieses Getriebetyps dar [98]. Dieses Getriebe führt die Schaltvorgänge ohne Zugkraftunterbrechung durch. Beim Wechsel der Bereichsgruppe, d. h. bei einer Schaltung zwischen den Gängen sechs und sieben, tritt weiterhin eine Zugkraftunterbrechung auf. Bei dem im Nutzfahrzeug üblichen Überspringen von Gängen verhält sich dieses Getriebe wie ein konventionelles automatisiertes Schaltgetriebe.

Bei allen bekannten Getriebekonzepten für schwere Nutzfahrzeuge mit Doppelkupplung kann nur bei einer eingeschränkten Zahl von Schaltungen die Zugkraftunterbrechung vermieden werden. Durch die zweite Kupplung sind erhebliche Änderungen am Aufbau der bisherigen Getriebe notwendig. Ebenso erhöht sich das Gewicht des Getriebes durch die zusätzlich vorhandenen Baugruppen, wie beispielsweise die zweite Kupplung mit weiterem Aktor.

3 Komponenten und Modellbildung des Antriebsstrangs

Um die Möglichkeiten einer Optimierung des Schaltvorgangs zu analysieren, erfolgt zunächst eine Betrachtung sämtlicher wichtiger Komponenten im Antriebsstrang eines schweren Lkw. Jede Komponente hat mit seinen Eigenschaften einen Einfluss auf die Dynamik des gesamten Antriebsstrangs. Mithilfe der mathematischen Beschreibung der einzelnen Komponenten werden mathematische Modelle verschiedener Komplexität entwickelt, die jeweils unterschiedliche benötigte dynamische Effekte nachbilden können. Die Modellbildung eines Antriebsstrangs erfolgte in mehreren Arbeiten [47, 71, 72]. Bestehende Ansätze sind bei dieser Modellbildung mit eingeflossen.

Kapitel 3.1 erläutert die Elemente des Antriebsstrangs, die im Leistungsfluss vom Verbrennungsmotor bis hin zu den Rädern liegen. Der Fokus liegt hierbei auf der Beschreibung des dynamischen Verhaltens und der Modellbildung der Komponenten. Die Herleitung eines Simulationsmodells des gesamten Antriebsstrangs behandelt Kapitel 3.2.1. Durch eine Modellreduktion wird in Abschnitt 3.2.2 ein vereinfachtes Steuerungsmodell entwickelt, das für die Entwicklung der Funktionen herangezogen wird.

3.1 Komponenten des Antriebsstrangs

Der Antriebsstrang besteht aus einer Vielzahl von unterschiedlichen Komponenten. Beginnend beim Verbrennungsmotor wird – dem Antriebsstrang folgend – bis zu den Rädern jede wichtige Komponente betrachtet. Nach einer Erläuterung der Funktion erfolgt die Modellbildung der einzelnen Elemente. In Abbildung 3.1 ist schematisch ein Nutzfahrzeug-Antriebsstrang mit den Hauptkomponenten dargestellt.

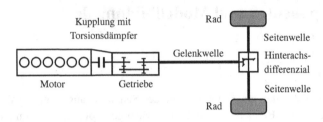

Abbildung 3.1: Komponenten des Antriebsstrangs

3.1.1 Verbrennungsmotor

Der Verbrennungsmotor ist für den Antrieb des gesamten Antriebsstrangs und folglich des Fahrzeugs zuständig. In schweren Lastkraftwagen sind fast ausschließlich turboaufgeladene Dieselmotoren verbaut. Das Gesamtdrehmoment eines Verbrennungsmotors setzt sich aus den Drehmomenten der einzelnen Zylinder zusammen. Über ein komplettes Lastspiel, d. h. zwei Kurbelwellenumdrehungen, schwankt das Zylinderdrehmoment erheblich. Dies wird durch die einzelnen Arbeitstakte des Motors hervorgerufen. Während des Ansaug-, Verdichtungs- und Ausstoßtaktes ist das Drehmoment negativ. Lediglich beim Arbeitstakt gibt der Zylinder ein Drehmoment ab, das durch den Druck im Zylinder hervorgerufen wird. Die Amplitude und Frequenz der Drehmomentschwankung des gesamten Motors ist abhängig von der Zylinderzahl, der Bauform, der Motordrehzahl und dem Lastpunkt.

Das hochfrequent schwankende Motordrehmoment hat praktisch keinen Einfluss auf das niederfrequente Schwingungsverhalten des gesamten Antriebsstrangs, wie in [49] untersucht und dargelegt. Da in dieser Arbeit nur die niedrigen Eigenfrequenzen des Antriebsstrangs betrachtet werden, ist ein Mittelwertmodell völlig ausreichend. Dabei wird nur das mittlere abgegebene Drehmoment des Motors nachgebildet und die Drehmomentenpulsation vernachlässigt. Bei einem Dieselmotor wird der Zylinderdruck und damit das Motordrehmoment hauptsächlich durch die eingespritzte Dieselmenge und den Einspritzzeitpunkt beeinflusst. Dabei muss eine ausreichende Luftmasse im Zylinder vorhanden sein, die sich mit dem Ladedruck einstellt. Die Turboladerdrehzahl und der Luftmassenstrom beeinflussen den Ladedruck. Der Turbolader ist ein komplexes thermodynamisches System, das nicht beliebig schnell die Drehzahl und damit den Ladedruck ändern kann. Bei einem raschen Anstieg des Wunschmoments kann aufgrund der Dynamik des Turboladers das Drehmoment nur verzögert aufgebaut werden.

Das Motordrehmoment wird bei einem Dieselmotor durch die im Zylinder vorhandene Luftmasse nach oben und das Schleppmoment bzw. Motorbremsmoment nach unten begrenzt. Innerhalb dieser Grenzen kann das abgegebene Motordrehmoment sehr schnell verändert werden. Das Motorsteuergerät kann meist bereits zum nächsten Einspritzzeitpunkt die Einspritzmenge und somit das Drehmoment ändern. Diese Verzögerung kann als variable Totzeit τ_{VM} in Abhängigkeit von der Motordrehzahl n_{VM} und der Zylinderzahl z_{Zyl} angenommen werden [50].

$$\tau_{VM} = \frac{2}{z_{Zyl} \cdot n_{VM}} \qquad \text{Gl. 3.1}$$

Aufgrund der CAN-Kommunikation zwischen dem Getriebe- und dem Motorsteuergerät tritt eine weitere Verzögerungen zwischen der Anforderung des Solldrehmoments und dem tatsächlichen Einstellen des Motordrehmoments auf. Prinzipbedingt ist die Verzögerung des CAN-Busses nicht konstant.

Das Bremsmoment des Verbrennungsmotors kann über das Schleppmoment hinaus durch Einsatz weiterer Motorbremssysteme erhöht werden. Eine Variante stellt die Auspuffklappe dar, die im geschlossenen Zustand den Abgasstrom behindert. Somit erhöht sich der Abgasgegendruck, und der Zylinder muss im Ausstoßtakt eine größere Arbeit verrichten, was zur Erhöhung des Motorbremsmoments führt.

Eine weitere Möglichkeit beseht darin, während des Verdichtungstakts die komprimierte Luft aus dem Zylinder entweichen zu lassen, sodass diese im nachfolgenden Expansionstakt weniger Arbeit am Kolben verrichten kann. Da weiterhin im Verdichtungstakt Arbeit zum Komprimieren der Luft verrichtet wird, vergrößert sich das Schleppmoment des Motors. Für die Dekompression des Zylinders existieren verschiedene technische Lösungen. Über ein zusätzlich im Zylinderkopf verbautes Ventil kann der Druck abgebaut werden. Eine Konstantdrossel ist bei einer Ansteuerung dauerhaft während aller vier Takte des Motors geöffnet. Im Gegensatz dazu ist ein Dekompressionsventil nur zum Ende des Verdichtungstakts geöffnet [83, 82]. Das gleiche Wirkprinzip verwendet die sogenannte „Jake-brake". Diese benötigt kein weiteres Ventil im Zylinderkopf, sondern verwendet die Auslassventile des Motors. Durch eine konstruktive Änderung im Ventiltrieb können die Auslassventile bei Bedarf während des Verdichtungstakts geöffnet werden, und der Druck im Zylinder kann abgebaut werden [62].

Alle zusätzlichen Motorbremssysteme werden nur mit einer Verzögerung angesteuert, und die Bremswirkung kann nicht stufenlos eingestellt werden. Das Drehmomentkennfeld eines Nfz-Dieselmotors mit der Volllast- und Schleppdrehmomentkennlinie zeigt Abbildung 3.2. Verschiedene Stufen des Motorbremsdrehmoments, die durch den kombinierten Einsatz von Auspuffklappe und Dekompressionsventil erzeugt werden, sind ebenso enthalten.

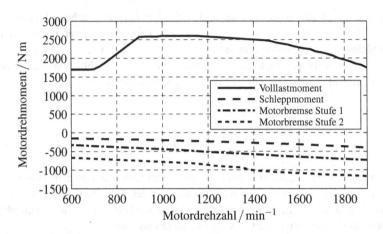

Abbildung 3.2: Volllast-, Schlepp- und Motorbremsdrehmomentenkennlinie eines Lkw-Motors

Das Motordrehmoment ist eine Eingangsgröße des gesamten Antriebsstrangs, somit kann der Verbrennungsmotor auch als Aktor angesehen und verwendet werden. Außer als Antrieb nimmt auch der Verbrennungsmotor aufgrund seines Massenträgheitsmoments Einfluss auf die Dynamik des Antriebsstrangs. Die sich linear bewegenden Teile, wie Pleuel und Kolben, führen zu einem oszillierenden Massenträgheitsmoment bezogen auf die Kurbelwelle. Dieses setzt sich aus einem statischen und einem dynamischen Anteil zusammen. Der dynamische Anteil ist eine relativ kleine hochfrequente Schwankung und im Vergleich zum statischen Massenträgheitsmoment gering. Daher kann dies bei einem Modell, das vorwiegend niedrige Frequenzen abbilden soll, vernachlässigt werden. Es wird ein mittleres Massenträgheitsmoment J_{VM} für den Motor in der Modellbildung angenommen.

3.1.2 Kupplung mit Torsionsdämpfer

Die trockene Anfahrkupplung ist zwischen Verbrenungsmotor und Getriebe angeordnet und übernimmt mehrere Aufgaben im Antriebsstrang. Die Primärseite der Kupplung, bestehend aus Schwungscheibe und Druckplatte, ist mit der Motorkurbelwelle verschraubt. In der Sekundärseite, d. h. die Kupplungsscheibe mit den Reibbelägen, ist ein Torsionsdämpfer integriert, der mit dem Getriebeeingang verbunden ist.

Während eines Anfahr- oder Schaltvorgangs dient die Kupplung als Drehzahlwandler und leitet das Drehmoment des Motors an den Antriebsstrang weiter, wobei zwischen der Primär- und Sekundärseite keine Drehzahlgleichheit besteht. Die Kupplung befindet sich im Schlupfzustand. Das übertragene Kupplungsdrehmoment M_{Kpl} ändert sich mit Anpresskraft F_A zwischen Schwungscheibe, Reibbelag und Druckplatte. Der Kupplungsweg bzw. Ausrückweg s_{Kpl} bestimmt maßgeblich die Anpresskraft. Abbildung 3.3 zeigt exemplarisch die Anpresskraft in Abhängigkeit von der Kupplungsposition.

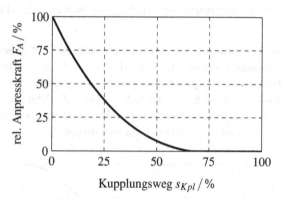

Abbildung 3.3: Kupplungskennlinie

Das übertragene Drehmoment ist zusätzlich abhängig von der Anzahl der Reibflächen der Kupplung z_K, des mittleren Reibdurchmessers R_m und dem Gleitreibbeiwert μ_G.

$$M_{Kpl} = \mu_G \cdot R_m \cdot z_K \cdot F_A \left(s_{Kpl}\right) \qquad \text{Gl. 3.2}$$

Während eines Schaltvorgangs trennt die Kupplung den Verbrennungsmotor vollständig vom Getriebe. Dieser Zustand ist ein Extremfall der rutschenden Kupplung, bei dem keine Anpresskraft wirkt und daher die Kupplung kein Drehmoment überträgt. Besteht zwischen der Primär- und Sekundärseite der Kupplung Drehzahlgleichheit, haftet die Kupplung. Solange die Kupplung im Haftzustand ist, wird nur das maximal übertragbare Drehmoment begrenzt. Wie bereits im Schlupfzustand der Kupplung sind auch hier wiederum die gleichen Faktoren für das maximal mögliche Drehmoment $M_{Kpl,max}$ zuständig. In diesem Fall ist der

Haftreibbeiwert μ_H von Interesse, der größer als der Gleitreibbeiwert μ_G ist und sich deutlich unterscheiden kann.

$$M_{Kpl,max} = \mu_H \cdot R_m \cdot z_k \cdot F_A \left(s_{Kpl} \right) \qquad \text{Gl. 3.3}$$

Übersteigt das an der Kupplung anliegende Drehmoment dieses maximale Drehmoment, beginnt die Kupplung zu rutschen und es wird das in Gleichung 3.2 angegebene Drehmoment übertragen. Die Kupplung wechselt zwischen diesen beiden Zuständen.

Ein pneumatischer Linearaktor betätigt die Kupplung, und mit diesem kann die Sollposition eingeregelt werden. Aufgrund des pneumatischen Aktors kann die Sollposition nicht beliebig lange gehalten werden, ohne dass nachgeregelt werden muss. Da sich der Druck im Kolben nach dem Öffnen der Ventile erst aufbauen muss, ist das Ansprechen des Aktors verzögert. In Abbildung 3.4 ist die Dynamik des Kupplungsaktors beim Trennen der Kupplung dargestellt.

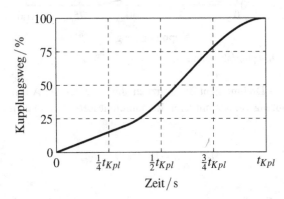

Abbildung 3.4: Kupplungsdynamik

Eine weitere wichtige Aufgabe übernimmt der in der Kupplungsscheibe integrierte Torsionsdämpfer. Zwischen der Primär- und Sekundärseite des Torsionsdämpfers sind Federn verbaut. Dabei ist eine Feder geringer Steifigkeit einer zweiten kürzeren Feder mit einer höheren Steifigkeit parallel geschaltet. Dadurch ergibt sich über den Torsionswinkel φ_{TD} eine geknickte Federkennlinie, wie in Abbildung 3.5 skizziert.

Durch die geringe Steifigkeit im unteren Bereich der geknickten Federkennlinie verhält sich der Torsionsdämpfer beim Nulldurchgang des Drehmoments wie eine

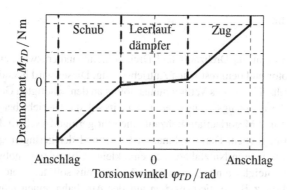

Abbildung 3.5: Federkennlinie eines Torsionsdämpfers

Lose im Antriebsstrang. Bei höheren Lasten wirkt dieser durch die vorhandenen Endanschläge wie eine starre Verbindung. Die Schwingungen werden über eine trockene Reibung gedämpft. Das vom Torsionsdämpfer übertragene Drehmoment M_{TD} ist nichtlinear vom Torsionswinkel φ_{TD} und der Verdrillungsgeschwindigkeit ω_{TD} abhängig.

$$M_{TD} = M_{TD}(\varphi_{TD}, \omega_{TD}) \qquad \text{Gl. 3.4}$$

Durch dieses Verhalten verringert der Torsionsdämpfer die Drehmomentenungleichförmigkeit und die Drehmomentspitzen des Verbrennungsmotors auf der Sekundärseite, d. h. an der Eingangswelle des Getriebes. Auf diese Weise werden die Komponenten des Getriebes geschützt und der Fahrkomfort erhöht, da Schwingungen und Geräusche reduziert werden. Abbildung 3.6 gibt abschließend einen Überblick, wie der Verbrennungsmotor und die Kupplung mit Torsionsdämpfer modelliert sind.

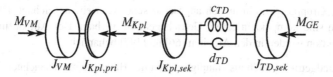

Abbildung 3.6: Modell der Kupplung mit Torsionsdämpfer

3.1.3 Getriebe

Das Getriebe dient als Drehzahl- und Drehmomentwandler zwischen dem Verbrennungsmotor und dem restlichen Antriebsstrang. Dieses wird benötigt, um das begrenzte Drehzahlband des Verbrennungsmotors an den benötigten Geschwindigkeitsbereich des Fahrzeugs anzupassen. Einerseits soll das Getriebe bei geschlossener Kupplung und Motorleerlaufdrehzahl eine sehr geringe Geschwindigkeit zum Rangieren ermöglichen. Darüber hinaus ist aufgrund der geringen spezifischen Leistung von schweren Nutzfahrzeugen eine kleine Übersetzung notwendig, um die geforderte Steigleistung zu erreichen. Andererseits soll der Motor bei Reisegeschwindigkeit, z. B. bei Fernstrecken auf der Autobahn, einen möglichst verbrauchsgünstigen Betriebspunkt erreichen.

Diese Anforderungen an die Übersetzung führen bei aktuellen Nutzfahrzeuggetrieben zu einer sehr großen notwendigen Übersetzungsspreizung von 12 bis über 15. Aufgrund des begrenzten Drehzahlbandes der Nfz-Dieselmotoren und der geringen spezifischen Leistung ist eine feine Abstufung des Getriebes notwendig, damit in jeder Fahrsituation die passende Übersetzung zur Verfügung steht. Dadurch kann die Motordrehzahl für jede Fahrsituation, wie beispielsweise die Fahrt in einer Steigung oder eine Autobahnfahrt, in einem optimalen Bereich hinsichtlich der notwendigen Leistung und des Verbrauchs gehalten werden. Um die große Spreizung und die feine Abstufung zu erreichen, sind heutige schwere Nutzfahrzeuggetriebe mit 12 oder 16 Gängen ausgestattet. Im Folgenden wird zunächst der Aufbau genauer erläutert, bevor der anschließende Abschnitt die verbauten Aktoren und Sensoren betrachtet.

Aufbau des Getriebes

Um die benötigte hohe Ganganzahl und Spreizung mit möglichst wenigen Zahnradpaaren zu erreichen, ist das Getriebe als ein Drei-Gruppen-Getriebe ausgeführt. Als eine Gruppe wird ein in sich abgeschlossenes Getriebe bezeichnet. Die drei Gruppen sind kompakt in einem Getriebegehäuse verbaut. Der Aufbau und die Konstruktion werden in den Arbeiten [66] und [97] behandelt.

Das Grundgetriebe, auch als Hauptgetriebe oder Hauptgruppe bezeichnet, ist mit drei bzw. vier Gängen ausgestattet. Bei der verwendeten geometrischen Abstufung ist der Übersetzungssprung zwischen zwei aufeinanderfolgenden Gängen konstant. Dadurch kann bei Verwendung einer Vor- und Nachschaltgruppe eine Überschneidung der Übersetzungen vermieden werden.

Für eine Erweiterung des Übersetzungsbereichs wird eine Nachschaltgruppe mit zwei Gängen verwendet. Diese erweitert den Übersetzungsbereich ins Langsame und verdoppelt die Anzahl der Gänge. Da die Nachschaltgruppe die Gänge in zwei Bereiche aufteilt, in einen langsamen und einen schnellen Bereich, wird diese Gruppe häufig auch als Bereichsgruppe oder Rangegruppe bezeichnet. Der schnelle Gang ist häufig als direkter Gang ausgelegt, da keine wälzenden Zahnradpaare im Leistungsfluss vorhanden sind. Die Übersetzung des langsamen Gangs entspricht der Spreizung des Hauptgetriebes multipliziert mit dem Stufensprung im Hauptgetriebe. Dadurch wird ein nahtloser Anschluss der Getriebeübersetzung ins Langsame ohne die Überschneidung von Gängen erreicht.

Eine Vorschaltgruppe bzw. Splitgruppe mit zwei Gängen erreicht eine Verfeinerung der Gangfolge und verdoppelt wiederum die Anzahl der Gänge. Der Stufensprung der Splitgruppe entspricht dem halben Stufensprung der Hauptgruppe und fügt eine weitere Übersetzungsstufe zwischen den Hauptgruppengängen ein. In Summe stehen damit 12 bzw. 16 Vorwärtsgänge und bis zu 4 Rückwärtsgänge zur Verfügung. Das Getriebeschema eine solchen 3-Gruppengetriebes zeigt Abbildung 3.7. [66, 97]

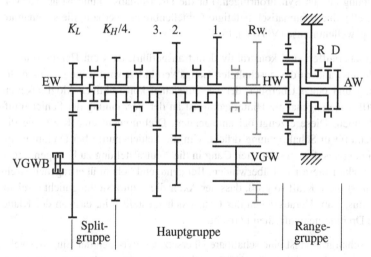

Abbildung 3.7: Getriebeschema eines Nutzfahrzeuggetriebes mit Eingangswelle (EW), Vorgelegewelle (VGWB), Hauptwelle (HW) und Ausgangswelle (AW) [66]

Die Hauptgruppe ist konstruktiv als Vorgelegegetriebe ausgeführt, d. h. die Leistung wird über eine Konstante auf die Vorgelegewelle (VGW) übertragen. Auf der Hauptwelle (HW) sind die Gangräder gelagert, die im ständigen Eingriff mit der

Vorgelegewelle sind. Diese können über Schaltmuffen mit Klauen formschlüssig mit der Hauptwelle verbunden werden und stellen den Leistungsfluss durch das Getriebe her. Um verschleißanfällige Bauteile wie beispielsweise die Synchronringe einzusparen, ist die Hauptgruppe als unsynchronisiertes Klauengetriebe ausgeführt. Eine prinzipielle schematische Darstellung einer Klauenkupplung ist in Abbildung 3.8 dargestellt.

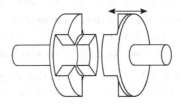

Abbildung 3.8: Schematische Darstellung einer Klauenkupplung

Aufgrund der fehlenden mechanischen Sperrsynchronisation erfolgt bei einem Schaltvorgang die notwendige Drehzahlanpassung der Vorgelegewelle nicht über die Reibung an den Synchronringen. Für die Drehzahlabsenkung ist an der Vorgelegewelle eine pneumatisch betätigte Lamellenbremse verbaut, die sogenannte Vorgelegewellenbremse (VGWB). [51]

Die Schiebemuffen sind konstruktiv derart ausgeführt, dass ein Herausspringen oder Herauswandern des geschalteten Gangs verhindert wird. Eine genauere Betrachtung und einen Überblick der verschiedenen konstruktiven Möglichkeiten gibt [80]. Eine sogenannte Hinterlegung ist an der Verzahnung der Schiebemuffe vorhanden. Diese erzeugt bei anliegendem Drehmoment eine Kraft, die die Schiebemuffe in Schaltrichtung drückt. Um die Schiebemuffe bei Drehmomentübertragung aus dem geschalteten Gang in die Neutralstellung zu bewegen, muss der Gangaktor diese Kraft überwinden. Bei genügend hohem übertragenen Drehmoment ist diese Kraft so groß, dass der Aktor die Neutralstellung nicht erreicht. Daher muss zum Herausziehen des Gangs sichergestellt sein, dass an der Klaue nahezu Drehmomentenfreiheit herrscht.

Die Vorschaltgruppe ist eine schaltbare Übersetzung zwischen der Eingangswelle (EW) und der Vorgelegewelle (VGW). Diese entspricht damit einer schaltbaren Konstante (K_L und K_H). Um die Anzahl der Zahnradpaare zu reduzieren, dient ein Zahnradpaar sowohl als zweite Konstante der Splitgruppe als auch als viertes Gangradpaar in der Hauptgruppe (K_H / 4.). Für die Drehzahlsynchronisation ist die Splitgruppe mit einer mechanischen Sperrsynchronisation ausgerüstet. Durch diese Anordnung kann die Eingangswelle direkt mit der Hauptwelle verbunden werden, indem in der Splitgruppe die zweite Konstante K_H und in der Hauptgruppe der vierte Gang eingelegt wird. Aufgrund der Übersetzung der Split- und Hauptgruppe ist das Eingangsdrehmoment für die Nachschaltgruppe in den unteren Gängen sehr hoch. Das große übertragene Drehmoment und der große notwendige Übersetzungssprung der Rangegruppe führt dazu, dass diese meist kompakt als Planetensatz ausgeführt ist. Das Sonnenrad sitzt auf der Hauptwelle und der Planetenträger mit den Planeten treibt die Ausgangswelle an. In der langsamen Bereichsgruppe (R) wird das Hohlrad an dem Gehäuse abgestützt. In der schnellen Bereichsgruppe (D) ist das Hohlrad mit dem Planetenträger verbunden, und es besteht ein direkter Durchtrieb zwischen Hauptwelle und Ausgangswelle. Da der Übersetzungssprung so groß ist, dass die Drehzahlanpassung beim Schalten der Rangegruppe nicht durch den Verbrennungsmotor erfolgen kann, ist wie in der Splitgruppe eine mechanische Sperrsynchronisation verbaut.

Das Getriebe stellt eine serielle Verbindung der drei Übersetzungsstufen von Splitgruppe i_{SG}, Hauptgruppe i_{HG} und Rangegruppe i_{RG} dar, deren Produkt die Gesamtübersetzung i_G ergibt. Ist ein Gang eingelegt, wandelt das Getriebe die Drehzahl und das Drehmoment zwischen der Ein- (ω_{GE}, M_{GE}) und Ausgangswelle (ω_{GA}, M_{GA}), es gelten folgende Gleichungen:

$$i_G = i_{SG} \cdot i_{HG} \cdot i_{RG} \qquad \text{Gl. 3.5}$$

$$M_{GA} = M_{GE} \cdot i_G \qquad \text{Gl. 3.6}$$

$$\omega_{GA} = \frac{\omega_{GE}}{i_G} \qquad \text{Gl. 3.7}$$

Abbildung 3.9 zeigt die detaillierte Struktur des Getriebes mit konzentrierten mechanischen Komponenten, wie den Massenträgheitsmomenten der Eingangs- (J_{EW}), Vorgelege- (J_{VGW}), Haupt- (J_{HW}) und Ausgangswelle (J_{AW}) und drei Übersetzungsstufen von Split-, Haupt- und Rangegruppe.

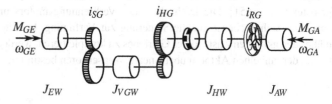

Abbildung 3.9: Getriebemodell

Getriebeaktoren und -sensoren

Den automatisierten Gangwechsel eines schweren Nutzfahrzeuggetriebes führen eine Reihe von Aktoren durch. Da in einem schweren Nutzfahrzeug für das Bremssystem bereits Druckluft vorhanden ist, werden pneumatische Linearaktoren eingesetzt. Neben dem Kupplungsaktor, der bereits in Abschnitt 3.1.2 betrachtet wird, sind weitere Aktoren notwendig.

Je ein pneumatischer Linearaktor übernimmt die Gassenwahl und schaltet den Gang. Die Hauptgruppe besitzt eine Neutralstellung, d. h. es ist kein Gang eingelegt und die Ein- und die Ausgangswelle sind mechanisch getrennt. Zum Anfahren der Neutralposition haben die pneumatischen Linearaktoren eine Mittelstellung, die rein mechanisch durch die Kombination mit einem Überwurfkolben realisiert ist. Die zur Drehzahlanpassung notwendige Getriebebremse ist eine pneumatisch betätigte Lamellenbremse, die die Vorgelegewelle gegenüber dem Gehäuse abbremst.

Für das Schalten der Vor- und der Nachschaltgruppe ist jeweils ein weiterer Aktor vorhanden. Die verbaute Sperrsynchronisation ermöglicht die Drehzahlanpassung bei einem Schaltvorgang, und es wird keine Neutralstellung benötigt. Daher werden hier keine pneumatischen Linearaktoren mit einer Mittelstellung benötigt.

Die Ansteuerung der Aktoren erfolgt über magnetische Schaltventile, die entweder die Kammer mit Druckluft beaufschlagen bzw. die vorhandene Luftmasse gegenüber dem Umgebungsdruck ablassen. Mit dem Ansteuern der Schaltventile baut sich der Druck im Aktor und im selben Maße die Aktorkraft kontinuierlich auf. Um den Druck zu halten, ist eine gepulste Ansteuerung der Ventile notwendig. Abbildung 3.10 zeigt exemplarisch für einen Gangwechsel neben der Ansteuerung des Magnetventils den Druck im Aktor und die Gangposition.

Für die Steuerung eines automatisierten Getriebes werden eine Reihe von Sensoren benötigt. Die Drehzahl der Vorgelege- und Hauptwelle erfasst jeweils ein hochaufgelöster Sensor [51]. Die Drehzahlen des Verbrennungsmotors und des Getriebeausgangs stehen ebenso für die Steuerung zur Verfügung. Um die Informationen über den aktuellen Zustand des Getriebes zu komplettieren, werden noch die Positionen der einzelnen Aktoren über lineare Wegsensoren bestimmt.

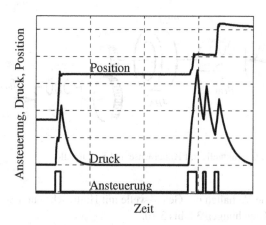

Abbildung 3.10: Ansteuerung, Position und Druckverlauf des Gangaktors während eines Gangwechsels

3.1.4 Gelenkwelle und Hinterachse

Die mehrteilige Gelenkwelle überträgt das Drehmoment vom Getriebeausgang an die Hinterachse, die eine letzte Übersetzungsstufe im Antriebsstrang darstellt. Das Differenzial verteilt das Drehmoment über die beiden Seitenwellen an die beiden Antriebsräder und verhindert bei einer Kurvenfahrt durch den Ausgleich der Raddrehzahlen eine Verspannung der Hinterachse. Im weiteren Verlauf dieser Arbeit finden keine Betrachtungen bei Kurvenfahrt statt, und daher können die Drehmomentenverteilung und der Drehzahlausgleich an der Hinterachse vernachlässigt werden.

Im Modell kann das Übertragungsverhalten der Gelenkwelle durch eine Drehfeder mit der Steifigkeit c_{GW} und einem Dämpfer d_{GW} abgebildet werden. Dies gilt entsprechend für die Seitenwellen mit den entsprechenden Werten für die Steifigkeit c_{SW} und Dämpfung d_{SW}. Das Hinterachsdifferenzial hat eine Übersetzung i_{HA} zwischen dem Getriebeausgang und den Seitenwellen. Das Massenträgheitsmoment der Wellen und der Hinterachse wird im Modell zusammengefasst zu J_{HA}. Abbildung 3.11 zeigt die Struktur mit konzentrierten mechanischen Elementen und stellt die Grundlage für das Modell dar.

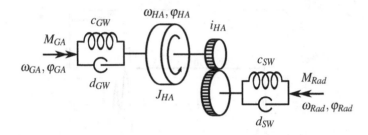

Abbildung 3.11: Gelenkwelle mit Hinterachse und Seitenwelle

Das dynamische Verhalten der Gelenkwelle mit Hinterachse und Seitenwellen beschreiben die Gleichungen 3.8 bis 3.10.

$$M_{GA} = c_{GW} \cdot (\varphi_{GA} - \varphi_{HA}) + d_{GW} \cdot (\omega_{GW} - \omega_{HA}) \qquad \text{Gl. 3.8}$$

$$M_{Rad} = c_{SW} \cdot \left(\frac{\varphi_{HA}}{i_{HA}} - \varphi_{Rad} \right) + d_{SW} \cdot \left(\frac{\omega_{HA}}{i_{HA}} - \omega_{Rad} \right) \qquad \text{Gl. 3.9}$$

$$\dot{\omega}_{HA} = \frac{1}{J_{HA}} \cdot \left(M_{GA} - \frac{M_{Rad}}{i_{HA}} \right) \qquad \text{Gl. 3.10}$$

3.1.5 Rad

Das letzte Element in der Wirkkette des Antriebsstrangs sind die Räder, die jeweils aus einer Felge und dem luftgefüllten Reifen bestehen. Diese sind die Kontaktstellen zwischen dem Fahrzeug und der Fahrbahn. Neben der Aufstandskraft F_z greifen am Reifen auch die Querkraft F_y und die Längskraft F_x an. Die maximal übertragbaren Kräfte in Längs- und Querrichtung beeinflussen sich gegenseitig [89]. Eine auftretende Querkraft, beispielsweise bei einer Kurvenfahrt, vermindert die maximal mögliche Reifenlängskraft. Ebenso variieren die übertragbaren Längs- und Querkräfte am Reifen mit der Aufstandskraft des Reifens. In dieser Arbeit erfolgt keine Berücksichtigung einer Kurvenfahrt und daher werden die Querdynamik und die Querkraft nicht betrachtet. Darüber hinaus wird für die Aufstandskraft angenommen, dass diese nahezu konstant ist und daher der Einfluss auf die Längskraft vernachlässigbar ist. In Abbildung 3.12 sind die relevanten Größen am Fahrzeugrad eingezeichnet.

Bei den aktuell verwendeten Reifen handelt es sich um sogenannte Radial- oder auch Gürtelreifen. Aufgrund des Aufbaus mit den unter der Lauffläche umlaufen-

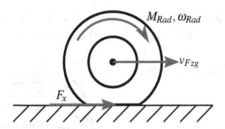

Abbildung 3.12: Kräfte und Drehmomente am Fahrzeugreifen

den Stahlfäden tritt nahezu keine Dehnung am Umfang des Reifens auf, und der Abrollumfang U des Reifens bleibt praktisch konstant. Daraus kann der dynamische Reifenhalbmesser r_{dyn} berechnet werden. [84]

$$r_{dyn} = \frac{U}{2 \cdot \pi} \qquad \text{Gl. 3.11}$$

Dieser entspricht dem Hebelarm, mit dem die Längskraft F_x am Rad angreift. Aus den angreifenden Kräften und Momenten berechnet sich die Raddrehzahl zu

$$\dot{\omega}_{Rad} = \frac{1}{J_{Rad}} \cdot \left(M_{Rad} - F_x \cdot r_{dyn} \right). \qquad \text{Gl. 3.12}$$

Nur wenn am Rad ein Schlupf λ_R auftritt, d. h. die Radumfangsgeschwindigkeit größer oder kleiner als die Fahrzeuggeschwindigkeit ist, kann der Reifen eine Längskraft übertragen. In der Literatur gibt es unterschiedliche Definitionen des Schlupfs, in dieser Arbeit findet die Definition aus [76] Anwendung.

$$\lambda_R = \frac{\omega_{Rad} \cdot r_{dyn} - v_{Fzg}}{\omega_{Rad} \cdot r_{dyn}} \qquad \text{Gl. 3.13}$$

Den Zusammenhang zwischen Schlupf und Längskraft geben sogenannte Kraft-Schlupf-Kurven wieder, deren beispielhafter Verlauf für Nutzfahrzeugreifen in Abbildung 3.13 zu finden ist [102]. Für kleine Schlupfwerte steigt die Längskraft am Reifen nahezu linear an, um dann in den nichtlinearen Bereich überzugehen. Bei rund 20 % Schlupf erreicht der Reifen die größte Längskraft und nimmt mit größeren Schlupfwerten bis hin zum durchdrehenden Rad ab. Für die empirische mathematische Beschreibung der Kraft-Schlupf-Kurven gibt es verschiedene Ansätze,

wie beispielsweise die Magic-Formula von Pacejka [70], das HSRI-Reifenmodell
(Highway Saftey Research Institute) [61, 103] oder das TMeasy Modell [39].

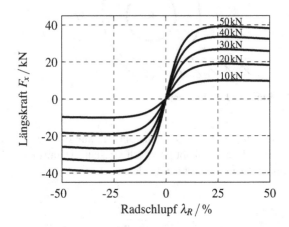

Abbildung 3.13: Längskraft-Schlupf-Diagramm eines Lkw-Reifens (Anlehnung an [38])

Ein diesem statischen Reifenmodell nachgestaltetes dynamisches Modell beschreibt den verzögerten Kraftaufbau des Reifens. Nach [28] und [75] bildet ein
System mit Verzögerungsglied erster Ordnung das dynamische Verhalten gut ab.
Die Zeitkonstante des PT_1-Verhaltens wird über die Einlauflänge oder Relaxationsstrecke bestimmt. Im Allgemeinen ist die Einlauflänge von der Geschwindigkeit abhängig. Für eine Modellvereinfachung kann angenommen werden, dass die
Einlauflänge konstant ist. Ein solches Modell ist stark nichtlinear.

Die in dieser Arbeit betrachteten Situationen erfolgen meist im linearen Teil der
Kraft-Schlupf-Kurve, und es kann eine lineare Reifensteifigkeit c_R angenommen
werden.

$$c_R = \frac{d\,F_x\,(\lambda_R)}{d\,\lambda_R}\bigg|_{\lambda_R=0} \qquad\qquad \text{Gl. 3.14}$$

Eine weitere Vereinfachung der Modellbeschreibung des Reifens, wie in [84], [76]
und [28] dargestellt, stellt das Reifenmodell mit Relaxationsstrecke l_x und Steifigkeit dar. Bei diesem vereinfachten Ansatz erfolgt der Kraftaufbau verzögert. Es
handelt sich auch hierbei um ein nichtlineares Modell.

$$\dot{F}_x = \frac{r_{dyn} \cdot \omega_{Rad}}{l_x} \cdot (c_R \cdot \lambda_R - F_x) \qquad\qquad \text{Gl. 3.15}$$

Wird lediglich die Schwingung des Antriebsstrangs betrachtet, zeigen die Arbeiten [17] und [64], dass die Ruckelschwingungen zu einem großen Teil durch den Reifenschlupf gedämpft werden. Für die Abbildung dieses Verhaltens kann das Reifenmodell noch weiter vereinfacht werden. Der Reifen wird als weiteres Masse-Feder-Dämpfer-System zwischen den Antriebswellen und dem Fahrzeug eingefügt. In einer weiteren Vereinfachung kann der Reifenschlupf und das Reifenverhalten als zusätzliche Dämpfung im Antriebsstrang modelliert werden. Die Steifigkeit der Flanke wird ebenso in der Gesamtsteifigkeit des Antriebsstrangs berücksichtigt. In diesen Fällen handelt es sich schließlich um lineare Modelle, die besonders zugänglich für die Systemanalyse und den Steuerungsentwurf sind.

3.1.6 Fahrwiderstände

Die Fahrwiderstände wirken der Bewegungsrichtung des Fahrzeugs entgegen, und lassen sich in den Roll-, Luft-, Steigungs- und den Beschleunigungswiderstand unterteilen. Ein rollendes Rad erzeugt eine Kraft entgegen der Bewegungsrichtung, der sogenannte Rollwiderstand. Beim Einlaufen in den Latsch muss die Flanke des Reifens zusammengedrückt werden, und beim Auslaufen aus dem Latsch entspannt sich diese wieder [46]. Nach [65] ist die Rollwiderstandskraft F_{Roll} von der Radaufstandskraft F_z und der Fahrzeuggeschwindigkeit v_{Fzg} abhängig und kann über die Funktion

$$F_{Roll} = \left(f_{R0} + f_{R1} \cdot v_{Fzg} + f_{R4} \cdot v_{Fzg}^4 \right) \cdot F_z \qquad \text{Gl. 3.16}$$

mithilfe der Rollwiderstandsbeiwerte f_{R0}, f_{R1} und f_{R4} angenähert werden. Im unteren Geschwindigkeitsbereich ist hauptsächlich der Rollwiderstand die dominierende Größe bei den Fahrwiderständen.

Mit steigender Geschwindigkeit nimmt der Luftwiderstand einen immer größer werdenden Anteil an. Nach [65] bestimmen die Luftdichte ρ_{Luft}, der Luftwiderstandsbeiwert c_W, die Fahrzeugstirnfläche A_{Fzg} und die Fahrzeuggeschwindigkeit v_{Fzg} die Luftwiderstandskraft F_{Luft}.

$$F_{Luft} = \frac{1}{2} \cdot \rho_{Luft} \cdot c_W \cdot A_{Fzg} \cdot v_{Fzg}^2 \qquad \text{Gl. 3.17}$$

Bei einer Fahrt in einer Steigung oder einem Gefälle wirkt die Hangabtriebskraft auf das Fahrzeug ein. Dieser Steigungswiderstand berechnet mit der Fahrzeugmasse m_{Fzg}, der Erdbeschleunigung g und der Fahrbahnsteigung α_{St} zu

$$F_{St} = m_{Fzg} \cdot g \cdot \sin(\alpha_{St}).$$ Gl. 3.18

Bei einer Fahrzeugbeschleunigung a_{Fzg} wirkt der Beschleunigungswiderstand F_a

$$F_a = m_{Fzg} \cdot a_{Fzg}$$ Gl. 3.19

auf das Fahrzeug ein.

Die Summe der Kräfte aus den Gleichungen 3.16 bis 3.18 ist die Gesamtwiderstandskraft F_{Last} und diese steht mit der Reifenlängskraft F_x und dem Beschleunigungswiderstand in einem Kräftegleichgewicht. Daraus berechnet sich die Beschleunigung des Fahrzeugs a_{Fzg}.

$$a_{Fzg} = \frac{1}{m_{Fzg}} \cdot \underbrace{\left(F_x - F_{Roll} - F_{Luft} - F_{St} \right)}_{F_{Last}}$$ Gl. 3.20

Durch die zeitliche Integration der Fahrzeugbeschleunigung kann bei bekannter Anfangsgeschwindigkeit $v_{Fzg,0}$ die Fahrzeuggeschwindigkeit v_{Fzg} bestimmt werden.

$$v_{Fzg}(t) = \int_0^t a_{Fzg}(\tau)d\tau + v_{Fzg,0}$$ Gl. 3.21

3.2 Antriebsstrangmodell

Aus den einzelnen Elementen des Antriebsstrangs wird zunächst eine mathematische Systembeschreibung für den gesamten Antriebsstrang erstellt. Ausgehend von diesem Gesamtmodell wird ein in der Komplexität und Ordnung reduziertes Ersatzmodell abgeleitet, das für die weiteren Betrachtungen und für den Entwurf der Steuerung, der Beobachter sowie der Adaptionsalgorithmen herangezogen wird.

3.2.1 Simulationsmodell

Das Simulationsmodell des gesamten Antriebsstrangs besteht aus den im Kapitel 3.1 beschriebenen Komponenten. Dieses bildet die wesentlichen dynamischen Effekte ab und stellt die Grundlage für den Funktionsentwurf dar. Mit diesem Simulationsmodell können die entwickelten Funktionen anhand einer Model-in-the-loop- oder Software-in-the-loop-Simulation getestet werden. Abbildung 3.14 zeigt das komplette Simulationsmodell des aus den einzelnen Elementen zusammengesetzten kompletten Antriebsstrangs.

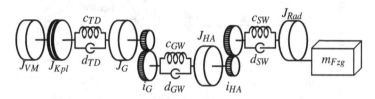

Abbildung 3.14: Modell des Antriebsstrangs

Nach der mathematischen Beschreibung des Antriebsstrangmodells erfolgt dessen Parametrierung. Ein großer Teil der Modellparameter kann aus Konstruktionsdaten entnommen werden. Hierzu zählen unter anderem die Massenträgheitsmomente der einzelnen Komponenten, die Steifigkeiten der Gelenk- und Seitenwellen und Steifigkeit und Dämpfung des Torsionsdämpfers. Weitere Parameter, wie die Kupplungskennlinie oder die Aktordynamik, lassen sich anhand von Messdaten bestimmen. Die Dämpfung der restlichen Wellen und die Reifenparameter sind praktisch nicht aus Konstruktionsdaten zu bestimmen und werden schließlich über den Abgleich mit Messdaten in der Simulation ermittelt.

Das Antriebsstrangmodell ist ein schwingungsfähiges System mit insgesamt vier Massenträgheitsmomenten und drei dazwischenliegenden Feder-Dämpfer-Systemen, die drei Eigenfrequenzen hervorrufen. Die über einen nichtlinearen Reifen-Fahrbahnkontakt angekoppelte Fahrzeugmasse stellt ebenso ein schwingungsfähiges System dar, dessen Eigenfrequenz, Amplitude und Dämpfung durch die Fahrzeuggeschwindigkeit und die Raddrehzahl bestimmt werden. Die Eigenfrequenzen des Antriebsstrangs stellen eine wichtige charakteristische Eigenschaft des Systems dar und sind daher für die Auslegung der Steuerung essenziell. Für eine Analyse des Schwingungsverhaltens und des Einflusses der einzelnen Antriebsstrangkomponenten wird das System linearisiert. Durch die unterschiedlichen Übersetzungen verschieben sich die Eigenfrequenzen je nach eingelegtem Gang. Die Pole des linearisierten Systems sind für die Gänge eins bis zwölf in

Abbildung 3.15 exemplarisch für ein Fahrzeug visualisiert. Das rechte Diagramm zeigt einen Ausschnitt aus der Gesamtübersicht im linken Diagramm. Die entsprechenden Komponenten des Antriebsstrangs sind den Polen des Systems in der Abbildung zugeordnet.

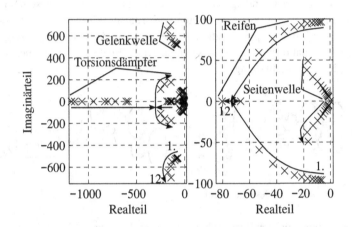

Abbildung 3.15: Pole des linearisierten Antriebsstrangs im 1. bis 12. Gang
(links: Übersicht, rechts: Detailausschnitt)

Aus dem Diagramm ist ersichtlich, dass die Pole mit der niedrigsten Eigenfrequenz, d. h. die, die am nächsten zum Ursprung liegen, durch die Seitenwellen beeinflusst werden. Mit höheren Gängen steigt die Eigenfrequenz an. Aufgrund der Übersetzung bis zu den Rädern und der geringen Steifigkeit – im Vergleich zur Gelenkwelle und zum Torsionsdämpfer – haben die Seitenwellen den größten Einfluss auf das dynamische Verhalten des Antriebsstrangs. In den niedrigen Gängen erzeugt der Torsionsdämpfer rein reelle Pole mit großem Dämpfungsgrad, wohingegen bei höheren Gängen konjugiert komplexe Polpaare entstehen. Die Gelenkwelle ist stets schwach gedämpft und führt aufgrund ihrer hohen Steifigkeit zu einer hohen Eigenfrequenz.

Der linearisierte Reifen zeigt das Verhalten eines PT_2-Glieds mit einem von der Reifenumfangsgeschwindigkeit abhängigen Dämpfungsgrad. Dieser erhöht sich mit steigender Fahrgeschwindigkeit soweit, dass aus dem konjugiert komplexen Polpaar zwei rein reelle Pole entstehen [63]. Der Reifenschlupf alleine erzeugt einen großen Teil der Dämpfung im Antriebsstrang [64].

Die Verifikation des Simulationsmodells erfolgt durch den Vergleich mit im Fahrzeug gewonnenen Messdaten. Das vom Motorsteuergerät geschätzte Motordreh-

moment stimuliert das Modell, und es erfolgt im Verlauf der Simulation kein weiterer Abgleich, beziehungsweise keine Anpassungen anhand der Messdaten. Die
Integratoren bzw. Zustände des Antriebsstrangs müssen zu Beginn der Simulation
derart parametriert sein, dass diese mit den Anfangszuständen der Messung übereinstimmen. Stimmen diese nicht überein, finden zunächst Einschwingvorgänge
statt, da die Simulation nicht bei Stillstand aller Komponenten und vollständig
entspanntem Triebstrang beginnt. Die Messdaten und Simulationsergebnisse eines
Tip-In/Tip-Out Fahrmanövers im zweiten Gang an einer geringen Steigung sind in
Abbildung 3.16 gegenübergestellt.

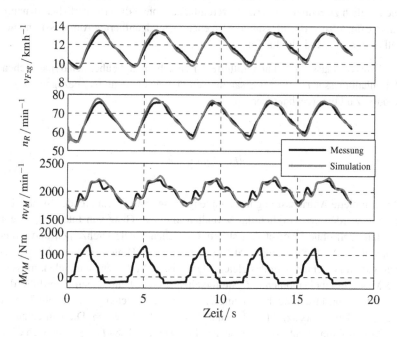

Abbildung 3.16: Vergleich von Messdaten und Simulation

Den Eingang des Simulationsmodells stellt das vom Motorsteuergerät geschätzte Motordrehmoment M_{VM} dar. Trotz der sehr dynamischen Vorgänge mit den
durch die Fahrmanöver provozierten Antriebsstrangschwingungen stimmen die
Motordrehzahl n_{VM}, die Raddrehzahl n_R und die Fahrzeuggeschwindigkeit v_{Fzg}
gut überein. Das Simulationsmodell gibt insgesamt das dynamische Verhalten des
Antriebsstrangs ausreichend genau wieder, sodass dieses für das Testen der Steuerung und der Funktionen aus den Kapiteln 4 und 5 herangezogen werden kann.

3.2.2 Steuerungsmodell

Die Analyse und Synthese einer Steuerung oder Regelung ist, bedingt durch den nichtlinearen Reifen-Fahrbahn-Kontakt und durch die hohe Ordnung des Systems, sehr komplex. Ebenso steigt die Empfindlichkeit der Steuerung in Bezug auf Modellunsicherheiten an. Mit den in Kapitel 5 vorgestellten Adaptions- und Identifikationsverfahren ist es aufgrund der stark begrenzten Sensorik nicht möglich, alle Systemzustände und -parameter genau zu bestimmen. Daher ist es vorteilhaft, das mathematische Simulationsmodell des Antriebsstrangs aus Abschnitt 3.2.1 soweit wie möglich zu reduzieren bzw. zu vereinfachen, ohne die erforderlichen dynamischen Effekte zu vernachlässigen. Ausgehend vom detaillierten Antriebsstrangmodell erfolgt die Modellreduktion.

Die Fahrzeugmasse m_{Fzg} kann mithilfe der Gleichung 3.22 über den dynamischen Reifenhalbmesser r_{dyn} in ein Ersatzmassenträgheitsmoment J_{Fzg} bezogen auf die Raddrehzahl umgerechnet werden.

$$J_{Fzg} = m_{Fzg} \cdot r_{dyn}^2 \qquad \text{Gl. 3.22}$$

Der komplette Antriebsstrang mit Fahrzeugmasse kann als rotierendes System betrachtet werden. Ist lediglich das Verhalten in einem Gang von Interesse, ist ein Ersatzmodell ohne Übersetzungsstufen ausreichend. Alle Drehzahlen und Drehmomente im Antriebsstrang werden bezogen auf die Hinterachsdrehzahl angegeben und umgerechnet. Um das gleiche dynamische Verhalten zu erzielen, müssen die Massenträgheitsmomente J, Steifigkeiten c und Dämpfungen d mithilfe der gesamten Antriebsstrangübersetzung i_{ges} über die Gleichungen 3.23 bis 3.25 in die äquivalenten Ersatzgrößen $\tilde{J}$, $\tilde{c}$ und $\tilde{d}$ umgerechnet werden. Die Umrechnung des Motordrehmoments M_{VM} bezogen auf die Hinterachse $\tilde{M}_{VM}$ erfolgt nach Gleichung 3.26.

$$\tilde{J} = J \cdot i_{ges}^2 \qquad \text{Gl. 3.23}$$
$$\tilde{c} = c \cdot i_{ges}^2 \qquad \text{Gl. 3.24}$$
$$\tilde{d} = d \cdot i_{ges}^2 \qquad \text{Gl. 3.25}$$
$$\tilde{M}_{VM} = M_{VM} \cdot i_{ges} \qquad \text{Gl. 3.26}$$

Das in Kapitel 4 vorgestellte Verfahren verwendet gezielt die Schwingung des Antriebsstrangs, um die Synchronisation beim Gangwechsel zu realisieren. Es handelt sich dabei um die erste Eigenform des Antriebsstrangs mit der tiefsten Eigenfrequenz und den größten Schwingungsamplituden, das sogenannte Ruckeln.
Dieses Verfahren findet vorzugsweise in der unteren Bereichsgruppe des Getriebes Anwendung. Durch die hohen Übersetzungen in den niedrigen Gängen sind
zwei dominierende Massenträgheitsmomente im Antriebsstrang vorhanden. Mit
der Transformation aus Gleichung 3.23 ergibt der Motor zusammen mit der Kupplung und dem Getriebe bezogen auf die Raddrehzahl ein sehr großes Massenträgheitsmoment, als primäres Massenträgheitsmoment J_1 bezeichnet. Die transfor-
mierte Fahrzeugmasse stellt das zweite dominierende Massenträgheitsmoment im
Antriebsstrang dar, das sogenannte sekundäre Massenträgheitsmoment J_2. Da die
Fahrzeugmasse je nach Beladung variiert, verändert sich auch das sekundäre Massenträgheitsmoment. Das primäre Massenträgheitsmoment ist lediglich abhängig
vom eingelegten Gang und ändert sich während des Betriebs des Fahrzeugs nicht.
Nach [17], [22] und [50] lässt sich die Ruckelschwingung ausreichend gut über
einen Zweimassenschwinger mit Drehfeder und -dämpfer abbilden. Wie in Abbildung 3.17 dargestellt, wird das komplexe Antriebsstrangmodell in Bezug auf
die Ordnung und Komplexität reduziert. Durch die Modellreduktion entsteht eine
weniger komplexe Modellbeschreibung mit reduzierter Systemordnung, die den
Steuerungs- und Funktionsentwurf vereinfacht.

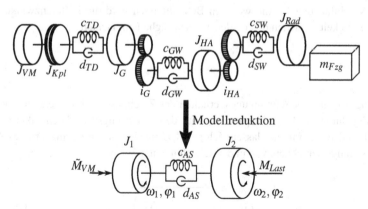

Abbildung 3.17: Modellreduktion zum Zweimassenschwinger

Aus den Gleichungen 3.24 und 3.25 ist ersichtlich, dass sich Torsionsfedern vor
der Getriebestufe je nach Getriebeübersetzung unterschiedlich stark auf die Gesamtsteifigkeit auswirken. Aus den Untersuchungen in [34] und [55] geht hervor,

dass der Torsionsdämpfer in Abhängigkeit von der Getriebeübersetzung einen Einfluss auf die Gesamtsteifigkeit des Antriebsstrangs hat. Der Reifenschlupf erzeugt einen großen Teil der Dämpfung im Antriebsstrang [55, 64] und muss bei der Modellreduktion in der Antriebsstrangdämpfung zusätzlich mitberücksichtigt werden. Die Gesamtsteifigkeit und -dämpfung des Zweimassenschwingers entsprechen keinem mechanischen Äquivalent im Antriebsstrang [17]. Eine gute gangabhängige Abstimmung der Gesamtsteifigkeit und -dämpfung des Zweimassenschwinger ist notwendig, um die Ruckelschwingung im Modell gut wiederzugeben.

Als Eingang des Systems dient das auf Raddrehzahl bezogene Motordrehmoment $\tilde{M}_{VM}$, und als Störgöße wirken sämtliche im Lastdrehmoment M_{Last} zusammengefassten Fahrwiderstände. Mit den Winkelgeschwindigkeiten $\omega_{1,2}$ und dem Verdrillungswinkel $\Delta\varphi$ als Zustände stellt dies ein System dritter Ordnung dar. In Gleichung 3.27 ist die Zustandsraumbeschreibung mit den physikalischen Parametern angegeben.

$$
\begin{bmatrix} \dot{\omega}_1 \\ \dot{\omega}_2 \\ \Delta\dot{\varphi} \end{bmatrix} = \begin{bmatrix} -\frac{d_{AS}}{J_1} & \frac{d_{AS}}{J_1} & -\frac{c_{AS}}{J_1} \\ \frac{d_{AS}}{J_2} & -\frac{d_{AS}}{J_2} & \frac{c_{AS}}{J_2} \\ 1 & -1 & 0 \end{bmatrix} \cdot \begin{bmatrix} \omega_1 \\ \omega_2 \\ \Delta\varphi \end{bmatrix} + \begin{bmatrix} \frac{1}{J_1} & 0 \\ 0 & -\frac{1}{J_2} \\ 0 & 0 \end{bmatrix} \cdot \begin{bmatrix} \tilde{M}_{VM} \\ M_{Last} \end{bmatrix} \qquad \text{Gl. 3.27}
$$

Zur Vereinfachung für die weiteren Betrachtungen wird die Differenzwinkelgeschwindigkeit zwischen den beiden Massenträgheitsmomenten

$$ \Delta\omega = \omega_1 - \omega_2 \qquad \text{Gl. 3.28} $$

herangezogen. Das Schwingungsverhalten des Zweimassenschwingers kann vollständig durch die Eigenfrequenz ω_0 und den Dämpfungsgrad D charakterisiert werden. Diese Parameter lassen sich aus den physikalischen Parametern des Antriebsstrangs berechnen, wie in den Gleichungen 3.29 und 3.30 angegeben.

$$ \omega_0 = \sqrt{c_{AS} \cdot \left(\frac{1}{J_1} + \frac{1}{J_2} \right)} \qquad \text{Gl. 3.29} $$

$$ D = \frac{d_{AS}}{2 \cdot \sqrt{c_{AS}}} \cdot \sqrt{\frac{1}{J_1} + \frac{1}{J_2}} \qquad \text{Gl. 3.30} $$

Dies vereinfacht die Beschreibung des Systems in der Gestalt, dass kein nur mit erheblichem Aufwand zu bestimmender Antriebsstrangparameter, wie die Steifigkeit oder Dämpfung, benötigt wird, sondern die Modellbeschreibung ausschließlich über die charakteristischen Parameter erfolgen kann.

Die Darstellung der Zustandsraumbeschreibung aus Gleichung 3.27 vereinfacht sich mithilfe der Annahme aus der Gleichung 3.28 sowie durch die Einführung der Parameter aus den Gleichungen 3.29 und 3.30 zu:

$$\begin{bmatrix} \Delta \dot{\omega} \\ \Delta \dot{\varphi} \end{bmatrix} = \begin{bmatrix} -2 \cdot D \cdot \omega_0 & -\omega_0^2 \\ 1 & 0 \end{bmatrix} \cdot \begin{bmatrix} \Delta \omega \\ \Delta \varphi \end{bmatrix} + \begin{bmatrix} \frac{1}{J_1} & \frac{1}{J_2} \\ 0 & 0 \end{bmatrix} \cdot \begin{bmatrix} \tilde{M}_{VM} \\ M_{Last} \end{bmatrix} \qquad \text{Gl. 3.31}$$

Dies stellt ein System zweiter Ordnung dar, bei dem nur die Differenzdrehzahl zwischen Motor und Rad betrachtet wird. Es entspricht einem System mit PT_2-Verhalten, das über die Eigenfrequenz, den Dämpfungsgrad und der Verstärkung vollständig beschrieben wird. Dies ist ausreichend, um Schwingungen der ersten Eigenform im Antriebsstrang abzubilden. Der Vergleich des Amplitudengangs des linearisierten Simulationsmodells aus Abschnitt 3.2.1 mit dem abgeleiteten Zweimassensteuerungsmodell in Abbildung 3.18 zeigt für das Seitenwellendrehmoment M_{SW} bzw. für das Antriebsstrangdrehmoment M_{AS} im Bereich der ersten Eigenfrequenz eine gute Übereinstimmung. Für Schwingungen oberhalb der ersten Eigenfrequenz treten Abweichungen auf. Diese können für die weiteren Betrachtungen vernachlässigt werden, weil die erste Eigenfrequenz für die Getriebesynchronisation verwendet wird und die Amplituden der Schwingungen höherer Frequenzen erheblich kleiner sind.

In Abbildung 3.19 ist der Vergleich zwischen den Messdaten und dem Simulationsergebnis des Zweimassensteuerungsmodells dargestellt. Das auf die Hinterachse bezogene Motordrehmoment $\tilde{M}_{VM}$ stellt den Eingang des Systems dar. Der Vergleich mit den Messdaten zeigt, dass das Modell das dynamische Verhalten des Antriebsstrangs für niederfrequente Vorgänge gut abbilden kann. Entsprechend zu den Betrachtungen des Amplitudengangs zeigt sich auch hier, dass die niedrigen Eigenfrequenzen gut abgebildet werden können. Die erste Eigenfrequenz, die die größte Amplitude aufweist, ist für die weiteren Betrachtungen ausreichend gut abgebildet. Das in der Komplexität deutlich reduzierte Zweimassensimulationsmodell kann für den Entwurf der Steuerung herangezogen werden.

Für die in Kapitel 4 erläuterte Methode zur Getriebesynchronisation beim Gangwechsel wird das Schwingungsverhalten des Antriebsstrangs bei sowohl eingerückter als auch ausgerückter Anfahrkupplung benötigt. Da für den ein- und ausgekuppelten Antriebsstrang die erste Eigenfrequenz von Interesse ist, kann das identische Modell, jedoch mit unterschiedlicher Parametrierung, verwendet werden.

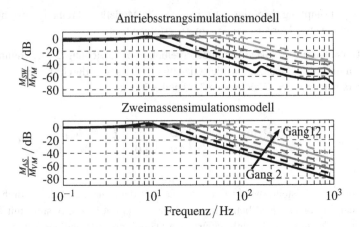

Abbildung 3.18: Amplitudengang des Antriebsstrangmodells und des Zweimassensimulationsmodells (Gang 2, 4, 6, 8, 10 und 12)

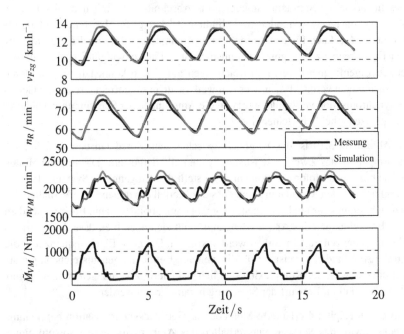

Abbildung 3.19: Vergleich zwischen Messung und Zweimassensimulationsmodell

Abbildung 3.20 zeigt das reduzierte Steuerungsmodell des Antriebsstrangs mit geschlossener (obere Abbildung) und getrennter Kupplung (untere Abbildung). Die
Gleichungen 3.27 bis 3.31 sind auch für den Fall der getrennten Kupplung gültig.
In diesem Fall ändert sich das primäre Massenträgheitsmoment und dementsprechend variiert auch die Eigenfrequenz und der Dämpfungsgrad. Zur Unterschei-
dung des ein- und ausgekuppelten Antriebsstrangs sind die Parameter bei ausgerückter Kupplung mit dem Index K versehen, d. h. $\omega_{0,K}$ und D_K.

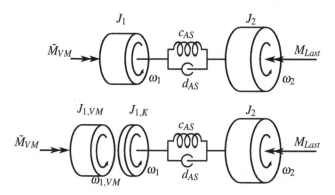

Abbildung 3.20: Zweimassenersatzmodell des Antriebsstrangs mit geschlossener (oben)
und getrennter (unten) Kupplung

Bei getrennter Kupplung besteht keine Verbindung zwischen dem Motor und dem
restlichen Antriebsstrang. Das primäre Massenträghcitsmoment dcs gcschlossenen
Antriebsstrangs J_1 teilt sich auf in das Motormassenträgheitsmoment $J_{1,VM}$ und
das restliche Massenträgheitsmoment $J_{1,K}$.

4 Verkürzung des Schaltvorgangs

In diesem Kapitel liegt der Fokus darauf, den Schaltvorgang zu beschleunigen und insbesondere die Zeit zwischen der Schaltanforderung und dem Gangeinlegen zu verkürzen. Mittels eines steuerungstechnischen Verfahrens soll die Schaltzeit insbesondere in schwierigen Fahrsituationen verkürzt werden. Dieses Kapitel bildet den Kern dieser Arbeit, und ein neuartiger Schaltvorgang soll das Ziel der Schaltzeitverkürzung erreichen. Durch eine Modifikation des Schaltablaufs erfolgt die Getriebesynchronisation durch eine gezielt angeregte Schwingung im Antriebsstrang. Im Vergleich dazu synchronisieren bei bisherigen Konzepten Aktoren die Wellen im Getriebe. Beim neuartigen Schaltablauf ist die Synchronisation abgeschlossen, sobald der aktuelle Gang ausgelegt wird. Bei herkömmlichen Schaltablauf erfolgt die Synchronisation im Anschluss an das Neutralstellen. Unterkapitel 4.1 stellt den neuartigen modifizierten Schaltablauf mit dem Ziel der schnelleren Drehzahlsynchronisation über eine gezielt induzierte Schwingung im Antriebsstrang vor. Der hierfür benötigte Sollzustand des Antriebsstrangs wird in Kapitel 4.2 berechnet. Um diesen zu erreichen, stellt der Abschnitt 4.3 verschiedene mögliche Verfahren zur Steuerung und Regelung vor und erläutert die systemtheoretischen Grundlagen. Darauf aufbauend wird in Kapitel 4.4 die flachheitsbasierte Motordrehmomentensteuerung entworfen, um den Sollzustand des Antriebsstrangs einzustellen. Die dafür notwendige Trajektorienplanung erfolgt in Abschnitt 4.5. Den Abschluss bildet in Abschnitt 4.6 eine erste Bewertung des Verfahrens anhand von Simulationen.

4.1 Synchronisation durch eine Antriebsstrangschwingung

Ausgehend vom bisherigen Schaltvorgang, der in Kapitel 2.1 beschrieben ist, wird der Schaltablauf derart modifiziert, dass die Schaltzeit reduziert wird. Der Ablauf eines Schaltvorgangs mit den Phasen Drehmomentenabbau, Gangwechsel und Aufbau des Motordrehmoments bis zum Fahrerwunschdrehmoment bleibt prinzipiell identisch. Der entscheidende Unterschied an dem neuen Verfahren besteht darin, dass bei einer Hochschaltung die Synchronisation des Getriebes nicht mittels eines Aktors, beispielsweise durch eine Getriebebremse, erfolgt, sondern über eine gezielt herbeigeführte Schwingung im Antriebsstrang vollzogen wird, wie in

[52] vorgestellt. Der modifizierte Schaltablauf ist mit den einzelnen Schaltphasen in Abbildung 4.1 dargestellt.

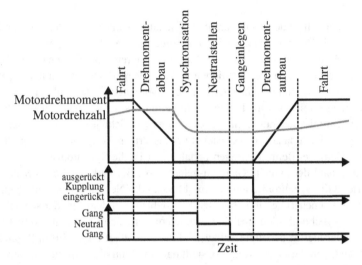

Abbildung 4.1: Ablauf des neuen Schaltvorgangs mit Synchronisation über eine Antriebs-strangschwingung

Zu Beginn des Schaltablaufs wird das Motordrehmoment auf ein vorher berechnetes Drehmoment reduziert, sodass der Antriebsstrang im gewünschten Maße noch verspannt ist. Durch schnelles Öffnen der Kupplung führt der Antriebsstrang eine gedämpfte Schwingung aus. Um die Kupplungsdynamik auszugleichen, wird der Aktor passend vor dem Erreichen der notwendigen Restverspannung im Antriebsstrang angesteuert. Die Drehzahl der Vorgelegewelle führt eine Schwingung aus und erreicht mit dem ersten Minimum der Schwingung die Zieldrehzahl des Wunschgangs. In diesem Punkt wird der Gang ausgelegt und das Getriebe in Neutral gestellt. Durch die Aktordynamik erfolgt auch die Ansteuerung des Gangaktors vor dem Erreichen der Zieldrehzahl. Die Vorgelegewellendrehzahl befindet sich im Zielbereich für den Wunschgang.

Die Getriebeausgangswelle ist über die Gelenkwelle und die Hinterachse mit den Rädern verbunden. Da sich die Fahrzeuggeschwindigkeit praktisch nicht verändert, schwingt die Hauptwellendrehzahl auf die Drehzahl vor dem Schaltvorgang ein. Im Gegensatz zum normalen Schaltvorgang ist die Drehzahlsynchronisation mit dem Neutralstellen des Getriebes abgeschlossen und erfolgt nicht im Anschluss daran über die Ansteuerung der Getriebebremse. Die Drehzahlsynchronisation des Getriebes ist somit abgeschlossen und die Differenzdrehzahl an den Klauen ist klein genug, um den Zielgang einzulegen. Der restliche Schaltablauf ist identisch zum herkömmlichen Schaltvorgang. Nach dem Schließen der Kupplung wird das Motordrehmoment bis zum Fahrerwunschdrehmoment aufgebaut.

Da für die Synchronisation der Gang in der Hauptgruppe ausgelegt wird, sind nur Ganzgang-Schaltungen sinnvoll möglich. Ein Wechsel der Splitgruppe ist prinzipiell vor dem Schließen der Kupplung möglich. Dies verlängert den Schaltvorgang, und der Vorteil der kürzeren Schaltzeit geht teilweise verloren.

Bei diesem Schaltablauf ist es essenziell, dass die notwendige Restverspannung im Antriebsstrang beim Öffnen der Kupplung vorhanden ist. Daher erfolgt im Voraus die Berechnung der benötigten Antriebsstrangverdrillung in Abhängigkeit von der aktuellen Fahrsituation und von dem gewünschten Zielgang.

4.2 Sollzustand des Antriebsstrangs

Die Synchronisation des Getriebes soll wie im vorherigen Unterkapitel beschrieben durch eine gezielt hervorgerufene Antriebsstrangschwingung erfolgen. Die notwendige Solldifferenzdrehzahl $\Delta\omega_{soll}$, um das Getriebe für den Zielgang zu synchronsieren, kann aus der aktuellen Drehzahl $\omega_{1,ist}$ und der Ist- und Zielhauptgruppenübersetzung i_{HG} berechnet werden.

$$\Delta\omega_{soll} = \omega_{1,ist}\left(\frac{i_{HG,Ziel}}{i_{HG,Ist}} - 1\right) \qquad \text{Gl. 4.1}$$

Die Antriebsstrangschwingung soll die Drehzahldifferenz überbrücken. Der verspannte Antriebsstrang führt nach dem schnellen Ausrücken der Anfahrkupplung eine gedämpfte Schwingung aus, wie in Abbildung 4.2 dargestellt.

Da bei geöffneter Kupplung das primäre Massenträgheitsmoment $J_{1,K}$ im Vergleich zum sekundären Massenträgheitsmoment J_2 sehr viel kleiner ist, findet die gesamte Drehzahländerung auf der Getriebeeingangsseite statt. Die Fahrzeuggeschwindigkeit und damit die Raddrehzahl verharren auf dem vorherigen Niveau und erfahren nahezu keine Änderung. Zu Beginn des Kupplungsöffnens muss das Restdrehmoment im Antriebsstrang derart eingestellt sein, dass die benötigte Drehzahldifferenz am ersten Minimum der Schwingung erreicht wird.

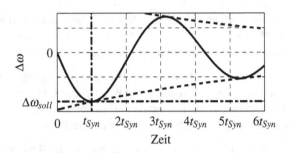

Abbildung 4.2: Gedämpfte Schwingung des Antriebsstrangs

Der zeitliche Verlauf der Zustände, Differenzdrehwinkelgeschwindigkeit und Verdrehwinkel, lassen sich durch Lösen des Differenzialgleichungssystems aus Gleichung 3.31 bestimmen. In diesem Fall wird die Eigenfrequenz und der Dämpfungsgrad des an der Kupplung aufgetrennten Antriebsstrangs verwendet. Die Eigenwerte $\lambda_{1,2}$ des Systems und die dazugehörigen Eigenvektoren $p_{\lambda_{1,2}}$ charakterisieren den zeitlichen Bewegungsablauf.

$$\lambda_{1,2} = -D_K \cdot \omega_{0,K} \pm j \cdot \omega_{0,K} \cdot \sqrt{1 - D_K^2}$$
$$= -\delta \pm j \cdot \omega_d$$

Gl. 4.2

$$p_{\lambda_{1,2}} = \begin{bmatrix} 1 \\ \dfrac{\lambda_{2,1}}{\omega_{0,K}^2} \end{bmatrix}$$

Gl. 4.3

Die Darstellung vereinfacht sich durch die Verwendung der Abklingkonstante δ und der gedämpften Eigenkreisfrequenz ω_d. Zu Beginn der Schwingung soll der Antriebsstrang mit der Sollverdrillung $\Delta\varphi_{soll}$ verspannt und in Ruhe sein, d. h. es besteht keine Differenzdrehzahl zwischen dem primären und sekundären Massenträgheitsmoment. Unter der Verwendung der Randbedingungen

$$\Delta\varphi\,(t = 0) = \Delta\varphi_{soll}$$

Gl. 4.4

$$\Delta\omega\,(t = 0) = 0$$

Gl. 4.5

lautet die Lösung des Differenzialgleichungssystems für die Differenzwinkelgeschwindigkeit

$$\Delta\omega\,(t) = \Delta\varphi_{soll} \cdot \frac{\omega_{0,K}^2}{\omega_d} \cdot e^{-\delta \cdot t} \sin\left(\omega_d \cdot t\right).$$

Gl. 4.6

Diese ist in obiger Abbildung 4.2 dargestellt. Die markierte Synchronisationszeit t_{Syn} bezeichnet die Zeit, die der Triebstrang benötigt, um das erste Minimum in der Drehzahlschwingung zu erreichen. Zur Bestimmung der lokalen Minima und damit der Synchronisationszeit, muss die erste zeitliche Ableitung von Gleichung 4.6 bei t_{Syn} gleich null sein.

$$\Delta\dot{\omega}\left(t_{Syn}\right) = \frac{\Delta\varphi_{soll}\omega_{0,K}^2}{\omega_d}\left(\delta\sin\left(\omega_d t_{Syn}\right) - \omega_d\cos\left(\omega_d t_{Syn}\right)\right) \overset{!}{=} 0 \qquad \text{Gl. 4.7}$$

Durch Analyse und Lösen der Gleichung 4.7 unter Anwendung von trigonometrischen Umformungen ([8]) lässt sich die Synchronisationszeit t_{Syn} der lokalen Minima berechnen.

$$t_{Syn} = \frac{1}{\omega_d}\cdot\left(2\cdot n\cdot\pi + \arcsin\left(\sqrt{1-D_K^2}\right)\right) \qquad n\in\mathbb{N}_0 \qquad \text{Gl. 4.8}$$

Diese wird lediglich von den Systemparametern ω_d und D_K bestimmt. Da ein lineares System betrachtet wird, besteht keine Abhängigkeit zur Solldifferenzdrehzahl oder zur Sollverdrillung. Die Verwendung des ersten Minimums der Schwingung ist im Gegensatz zu den weiteren lokalen Minima vorteilhaft, da in diesem Fall die Synchronisationszeit am kürzesten ist und die mögliche Differenzdrehzahl maximiert wird.

Für das erste Minimum gilt in Gleichung 4.8 $n = 0$, und zu diesem Zeitpunkt soll die Solldifferenzwinkelgeschwindigkeit $\Delta\omega_{soll}$ erreicht werden. Durch Einsetzen der Synchronisationszeit t_{Syn} in Gleichung 4.6 und Gleichsetzen mit der Solldifferenzwinkelgeschwindigkeit $\Delta\omega_{soll}$ ergibt sich für die Sollverdrillung

$$\Delta\varphi_{soll} = \Delta\omega_{soll}\cdot\frac{1}{\omega_{0,K}}\cdot e^{\delta\cdot t_{Syn}}. \qquad \text{Gl. 4.9}$$

Sind die Eigenfrequenz, das primäre und sekundäre Massenträgheitsmoment bekannt, kann über die Gleichung 3.29 die Steifigkeit des gesamten Antriebsstrangs c_{AS} berechnet werden. Mit dieser lässt sich das notwendige Restdrehmoment $M_{AS,soll}$ beim Kupplungsöffnen berechnen.

$$M_{AS,soll} = c_{AS}\cdot\Delta\varphi_{soll} \qquad \text{Gl. 4.10}$$

Da zu Beginn der Schwingung der Antriebsstrang in Ruhe sein soll, wie in Gleichung 4.5 angegeben, hat die Dämpfung des Antriebsstrangs keinen Beitrag zum Restdrehmoment.

Mit dem Erreichen des ersten Minimums der Schwingung soll der Aktor den Gang auslegen. Durch die Hinterlegung an der Schiebemuffe, wie in Abschnitt 3.1.3 erläutert, ist es nur möglich den Gang auszulegen, wenn die Klauen praktisch kein Drehmoment übertragen. Das primäre Massenträgheitsmoment des Antriebsstrangs teilt sich in zwei Teile auf, wie in Abbildung 4.3 illustriert.

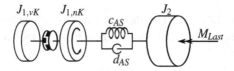

Abbildung 4.3: Zweimassenmodell mit Schaltklaue

Der erste Teil $J_{1,vK}$ umfasst die getrennte Kupplung, die Eingangs- und Vorgelegewelle des Getriebes, der zweite Teil $J_{1,nK}$ entsprechend alle Elemente nach den Schaltklauen bis zur Hinterachse. Bei eingelegtem Gang, d. h. mit eingespurten Klauen, haben beide Teile die identische Drehzahl. Das von der Klaue übertragene Drehmoment M_{Klaue} beträgt

$$M_{Klaue} = J_{1,vK} \cdot \Delta\dot{\omega} \qquad\qquad \text{Gl. 4.11}$$

und ist direkt proportional zur zeitlichen Ableitung der Differenzwinkelgeschwindigkeit zwischen dem primären und sekundären Massenträgheitsmoment. Am Minimum der Schwingung hat die Winkelbeschleunigung $\Delta\dot{\omega}$ einen Nulldurchgang und daher bricht das von der Schaltklaue übertragene Drehmoment zusammen. Zusätzlich durchläuft die Klaue beim Nulldurchgang der Differenzdrehzahl die vorhandene Lose. Bei einer vorauseilenden Ansteuerung des Gangaktors ist sichergestellt, dass der Aktor den Gang im Umkehrpunkt auslegen kann und damit die Zieldrehzahl erreicht wird.

4.3 Verfahren zur Drehmomentensteuerung und -regelung

Für die Synchronisation des Getriebes muss die berechnete Sollverdrillung bzw. das erforderliche Restdrehmoment im Antriebsstrang eingestellt werden. Ein geeigneter Regler oder eine geeignete Steuerung führt das Motordrehmoment derart, dass der erforderliche Sollzustand erreicht wird. Um am Ende des Drehmomenten-abbaus einen stationären Betriebspunkt einstellen zu können, muss das Motordreh-moment $\tilde{M}_{VM}$ dem Sollantriebsstrangdrehmoment $M_{AS,soll}$

$$\tilde{M}_{VM} \overset{!}{=} M_{AS,soll} \qquad \qquad \text{Gl. 4.12}$$

entsprechen. Kapitel 2.3 gibt einen Überblick über verschiedene Ansätze zum Drehmomentenabbau. Zunächst wird in Unterkapitel 4.3.1 die Eignung des gängi-gen Verfahrens, die Drehmomentenrampen, analysiert. Daraufhin betrachtet Unter-kapitel 4.3.2 die im weiteren Verlauf benötigten systemtheoretischen Grundlagen. Abschließend erfolgt der Entwurf der flachheitsbasierten Drehmomentensteuerung für das Erreichen der Sollverdrillung des Antriebsstrangs.

4.3.1 Drehmomentenrampen

Ein häufig verwendetes Verfahren ist der gesteuerte Drehmomentenabbau mittels einer Rampe, um das Motordrehmoment auf null zu reduzieren und den Antriebs-strang zu entspannen. Durch eine Rampe kann das Motordrehmoment auch auf den Sollwert verringert werden. Dieser Vorgang kann eine Schwingung anregen, was nicht erwünscht ist. Abbildung 4.4 zeigt exemplarisch das Schwingungsverhalten eines schwach gedämpften Antriebsstrangs bei verschiedenen Abbauzeiten T. Das Antriebsstrangdrehmoment soll vom Ausgangswert $M_{AS,0}$ auf den Sollwert geführt werden. Hierzu verbindet die Rampe das Ausgangsmotordrehmoment $\tilde{M}_{VM,0}$ mit dem dafür notwendigen Sollwert $\tilde{M}_{VM,soll}$. Die Rampenzeit beeinflusst im erheb-lichen Umfang das Schwingungsverhalten und insbesondere die maximale Unter-schwingweite nach dem Ende der Rampe und vor Erreichen des stationären End-wertes.

Um die Grenzen der Wirkungsweise beim Einsatz der Rampe aufzuzeigen, analy-sieren [17] und [47] die Drehmomentenrampe an Hand eines ungedämpften An-triebsstrangs für den vollständigen Drehmomentenabbau. Durch die Lösung der Bewegungsdifferenzialgleichung mittels Laplace-Transformation zeigen die Un-tersuchungen, dass die Amplitude der Schwingung von der Abbauzeit abhängig

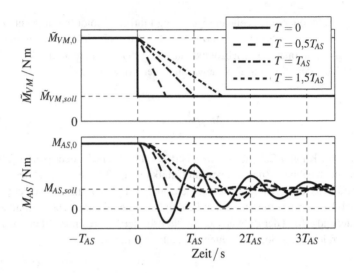

Abbildung 4.4: Drehmomentenrampe mit verschiedenen Abbauzeiten

ist. Um keine Schwingungen anzuregen, muss die Rampenzeit ein ganzzahliges Vielfaches der Periodendauer des Antriebsstrangs T_{AS} sein.

$$T_{AS} = \frac{2 \cdot \pi}{\omega_0} \qquad\qquad \text{Gl. 4.13}$$

Da es sich um ein lineares System handelt, gelten die Betrachtungen auch für die Drehmomentenreduktion auf einen Sollwert. Durch das Superpositionsprinzip bei linearen Systemen wird hier nur ein konstanter Wert zum Ergebnis addiert.

In den unteren Gängen liegt die Eigenfrequenz im Bereich von 1 Hz und hat daher eine lange Rampendauer zur Folge. Dies macht diese Variante der Drehmomentenreduktion für einen schnellen Schaltvorgang uninteressant. Darüber hinaus ist es für ein gedämpftes System nicht möglich, mittels einer einfachen Rampe das Drehmoment zu reduzieren, ohne eine Schwingung anzuregen, wie der Abbildung 4.4 zu entnehmen ist. Die auftretende Unterschwingweite ΔM_{AS} relativ zum Ausgangsdrehmoment mit Variation des Dämpfungsgrads D und der Abbauzeit T ist in Abbildung 4.5 dargestellt.

Alle Kurven haben bei einer Rampenzeit von ganzzahligen Vielfachen der Periodendauer ein Minimum. Aber lediglich für das ungedämpfte System tritt in diesem Fall keine Schwingung auf. Im Fall eines gedämpften Systems ist es nicht

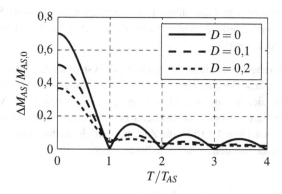

Abbildung 4.5: Relative Unterschwingweite bei Variation der Rampenzeit und des Dämpfungsgrads

möglich, über eine Rampe das Drehmoment zu reduzieren ohne den Antriebsstrang anzuregen. Für die Synchronisation, die in Abschnitt 4.1 beschrieben ist, muss nach Gleichung 4.5 der Antriebsstrang mit Öffnen der Kupplung in Ruhe sein. Daher ist die Verwendung einer einfachen linearen Rampe sowohl hinsichtlich der Schaltzeit als auch für das Erreichen des notwendigen Sollzustands ungeeignet.

4.3.2 Systemtheoretische Grundlagen

Einen ausführlichen Überblick über die Systemtheorie und die Synthese von Steuerungen und Regelungen geben einige bekannte Standardwerke [20, 59, 60, 95, 94] wieder. Hier werden nur die wichtigen und notwendigen Grundlagen zusammengefasst und kurz erläutert. Die Ausgangsbasis für den Entwurf einer Steuerung und Regelung ist die mathematische Beschreibung der Systemdynamik. Die Dynamik eines allgemeinen nichtlinearen eingangsaffinen Systems ohne Durchgriff beschreibt ein Differenzialgleichungssystem mit den Zuständen x und den Ausgangsgrößen y.

$$\dot{x} = f(x) + g(x) \cdot u + g_z(x) \cdot z \qquad \text{Gl. 4.14}$$
$$y = h(x) \qquad \text{Gl. 4.15}$$

Die Eingangsgrößen u und die Störgrößen z stimulieren das System. Sehr häufig sind reale Systeme nichtlinear, wie es auch auf das in Abschnitt 3.2.1 beschriebene Simulationsmodell zutrifft.

Eine Linearisierung des Systems vereinfacht die Systembeschreibung und die anschließende Synthese der Steuerung und Regelung. Dabei muss beachtet werden, dass eine Linearisierung nur sinnvoll ist, solange das Verhalten in den Arbeitspunkten vom linearisierten System ausreichend gut abgebildet wird. Ausgehend von den Gleichungen 4.14 und 4.15 ist die Zustandsraumdarstellung eine Möglichkeit, die Dynamik eines linearen Systems zu beschreiben:

$$\dot{x} = A \cdot x + B \cdot u + E \cdot z \qquad \text{Gl. 4.16}$$

$$y = C \cdot x \qquad \text{Gl. 4.17}$$

Mit der Systemmatrix A, der Eingangsmatrix B und der Störgrößeneingangsmatrix E ist das dynamische Verhalten des Systems vollständig definiert. Die Ausgangsmatrix C erzeugt aus den Zuständen den Ausgangsvektor.

Neben der Beschreibung im Zeitbereich ist auch eine Beschreibung im Frequenzbereich möglich, die einige Betrachtungen vereinfacht. Die Anwendung der Laplace-Transformation überführt diese Zustandsraumbeschreibung aus dem Zeitbereich in die Übertragungsfunktionen im Frequenzbereich. Die Übertragungsfunktion vom Eingang zum Ausgang $G_S(s)$ und die Störgrößenübertragungsfunktion $G_Z(s)$ lautet:

$$\frac{Y(s)}{U(s)} = G_S(s) = C \cdot (s \cdot I - A)^{-1} \cdot B \qquad \text{Gl. 4.18}$$

$$\frac{Y(s)}{Z(s)} = G_Z(s) = C \cdot (s \cdot I - A)^{-1} \cdot E \qquad \text{Gl. 4.19}$$

Mit dieser Systembeschreibung kann die Synthese der Steuerung und Regelung erfolgen. Diese sollen das System von einem Zustand in einen anderen überführen, also einen Arbeitspunktwechsel vollziehen. Dies kann eine Festwertregelung übernehmen, bei der die Führungsgröße auf den Sollwert springt. Eine Alternative stellt die Folgeregelung mit Trajektorienplanung dar. Bei dieser Variante springt der Sollwert nicht, sondern es wird eine Trajektorie für die Führungsgröße geplant, die den Übergang zwischen den beiden Zuständen definiert.

Ziel ist es in beiden Fällen, dass der Ausgang des Systems y zu jeden Zeitpunkt der Führungsgröße w folgt. Eine für diese Aufgabe mögliche und weitverbreitete Steuerungs- und Regelungsstruktur ist in Abbildung 4.6 zu finden.

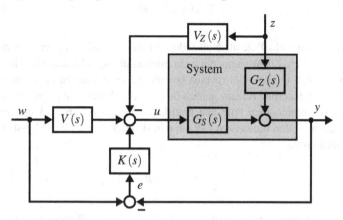

Abbildung 4.6: Regler mit Vorsteuerung und Störgrößenaufschaltung

Diese Struktur hat durch den Einsatz eines Reglers $K(s)$ mit Vorsteuerung $V(s)$ zwei Freiheitsgrade. Daher ist es möglich, das Führungsverhalten und Störverhalten separat einzustellen. Die Störgrößenaufschaltung $V_Z(s)$ unterstützt den Regler, den Einfluss der Störgröße zu minimieren. Je nach System und Anforderung an das Übertragungsverhalten ist es nicht notwendig, jeden Teil zu verwenden.

Der Regler $K(s)$ übernimmt die Aufgabe, das System zu stabilisieren und die Abweichungen zum Führungswert w auszuregeln. Hierbei beeinflusst der Regler in Abhängigkeit von der Differenz zwischen dem Sollwert und des zurückgeführten Systemausgangs die Stellgröße u. Wird ausschließlich ein Regler verwendet, ist eine sorgfältige Balance zwischen dem Führungs- und dem Störverhalten notwendig.

Eine Vorsteuerung entlastet den Regler beim Führungsverhalten, indem die Sollgröße w direkt auf den Systemeingang einwirkt. Die Vorsteuerung $V(s)$ ist für ein schnelles Führungsverhalten verantwortlich. In diesem Fall kann dann der Regler daraufhin ausgelegt werden, Störgrößen schnell auszuregeln. Um ein schnelles Führungsverhalten zu erreichen, ist die vollständige Kompensation der Systemdynamik das Ziel beim Entwurf der Vorsteuerung. Für das Führungsübertragungsverhalten soll daher gelten:

$$F_w(s) = V(s) \cdot G_S(s) \overset{!}{=} 1 \qquad\qquad \text{Gl. 4.20}$$

Daraus geht hervor, dass die Vorsteuerung der Systeminversen entsprechen muss, d. h. es gilt

$$V(s) = G_S^{-1}(s).$$ Gl. 4.21

Hat das System mehr Pole als Nullstellen, ist eine Realisierung der Systeminversen nicht möglich. Ebenso kann ein nicht minimalphasiges System nicht invertiert werden, da Nullstellen in der rechten komplexen Halbebene zu einem instabilen Pol in der Vorsteuerung führen. Je nach Struktur des Systems ist es gegebenenfalls möglich, die dominanten Pole und Nullstellen eines Systems zu kompensieren. Ebenso kann für den stationären Fall ein rein skalarer Faktor für die Vorsteuerung berechnet werden.

$$V = \left(C \cdot (-A)^{-1} \cdot B + D \right)^{-1}$$ Gl. 4.22

Diese Vorsteuerung sorgt im stationären Fall für ein gutes Führungsverhalten, wohingegen bei einer Trajektorienfolge Abweichungen auftreten.

Die Störgrößenaufschaltung $V_Z(s)$ hilft, den Einfluss einer Störgröße auf das System zu eliminieren bzw. zu minimieren und den Regler zu unterstützen. Die Grundvoraussetzung für eine Realisierung ist, dass die Störgröße gemessen werden kann. Meist ist ein direktes Messen nicht möglich, sondern ein Störgrößenbeobachter muss diese abschätzen. Entsprechende Betrachtungen für die Berechnung der Störgrößenaufschaltung zeigen, dass für eine vollständige Eliminierung der Störgröße folgendes gelten muss:

$$V_Z(s) = G_Z(s) \cdot G_S^{-1}(s) \overset{!}{=} 1$$ Gl. 4.23

Auch eine solche Störgrößenaufschaltung ist meist nicht ideal realisierbar, da der Zählergrad bei realen Systemen meist größer ist als der Nennergrad.

Diese Steuerungs- und Regelungsstruktur ermöglicht keinen Arbeitspunktwechsel, der gesichert zu einem vorher definierten Zeitpunkt abgeschlossen ist. Da die konstante Vorsteuerung die Dynamik des Systems nicht vollständig kompensiert, wird die Anforderung an die Führungsübertragungsfunktion aus Gleichung 4.20 nicht erfüllt. Der dynamische Regler $K(s)$ stabilisiert das System und regelt die Abweichung e aus. Die vollständige Ausregelung kann nicht zu einem festgelegten Zeitpunkt sichergestellt werden.

Ein anderer Ansatz den Arbeitspunktwechsel zu einem vorher definierten Zeitpunkt durchzuführen, stellt die Ausnutzung der mathematischen Eigenschaft der Flachheit eines Systems dar. Das Prinzip des flachheitsbasierten Entwurfs einer Steuerung und Regelung ist unter anderem in [2], [19], [79] und [33] dargestellt. In [31] ist eine Methode vorgestellt, die zusätzlich Randbedingungen bei der Trajektorienplanung berücksichtigt. Hier erfolgt nur eine kurze Zusammenfassung mit der Definition der Flachheit eines Systems und die daraus abgeleitete Steuerung und Regelung.

Ein nichtlineares System (siehe Gleichung 4.15) mit n Zuständen ist differenziell flach, wenn ein realer oder fiktiver Systemausgangsvektor

$$y_f = \Phi(x) \qquad \text{Gl. 4.24}$$

existiert und folgende Bedingungen erfüllt. Die Dimension des Ausgangsvektors y_f entspricht der Dimension des realen Systemeingangsvektors, d. h. es gilt

$$\dim(y_f) = \dim(u). \qquad \text{Gl. 4.25}$$

Die Systemzustände x können als Funktion des Ausgangs y_f und einer endlichen Anzahl β von zeitlichen Ableitungen in der Form

$$x = \Psi_x\left(y_f, \dot{y}_f, \ddot{y}_f, \ldots, \overset{(\beta)}{y}_f\right) \qquad \text{Gl. 4.26}$$

dargestellt werden. Ebenso ist der reale Eingangsvektor als Funktion

$$u = \Psi_u\left(y_f, \dot{y}_f, \ddot{y}_f, \ldots, \overset{(\beta+1)}{y}_f\right) \qquad \text{Gl. 4.27}$$

darstellbar, wobei die Anzahl der zeitlichen Ableitungen $\beta + 1$ beträgt.

Ist es möglich ein System auf diese Art differenziell zu parametrieren, heißt der Ausgangsvektor y_f flacher Ausgang und das System ist flach. Die Bestimmung des flachen Ausgangs eines nichtlinearen Systems ist oft sehr aufwendig, da keine direkte Konstruktionsmethode existiert. Ein flaches System hat nicht nur einen flachen Ausgang, sondern unendlich viele, die alle beispielsweise durch konstante

Faktoren oder mittels einer Transformation ineinander umgerechnet werden können.

Für lineare zeitinvariante SISO-Systeme (Single-Input, Single-Output) vereinfacht sich die Suche nach einem flachen Ausgang. In diesem Fall ist eine methodische Bestimmung eines flachen Ausgangs möglich.

Hierfür wird ein lineares System, das in der Regelungsnormalform

$$\dot{z} = \begin{bmatrix} 0 & 1 & 0 & \cdots & 0 \\ 0 & 0 & 1 & \cdots & 0 \\ \vdots & \vdots & \vdots & \ddots & \vdots \\ 0 & 0 & 0 & \cdots & 1 \\ -a_0 & -a_1 & -a_2 & \cdots & -a_{n-1} \end{bmatrix} \cdot z + \begin{bmatrix} 0 \\ 0 \\ \vdots \\ 0 \\ 1 \end{bmatrix} \cdot u \qquad \text{Gl. 4.28}$$

$$y = \begin{bmatrix} b_0 & b_1 & \cdots & b_m & 0 & \cdots & 0 \end{bmatrix} \cdot z \qquad \text{Gl. 4.29}$$

vorliegt, betrachtet. Aus dieser Darstellung lässt sich ebenso die Übertragungsfunktion des Systems

$$F(s) = \frac{P(s)}{Q(s)} = \frac{b_m \cdot s^m + \cdots + b_1 \cdot s + b_0}{s^n + a_{n-1} \cdot s^{n-1} + \cdots + a_2 \cdot s^2 + a_1 \cdot s + a_0} \qquad \text{Gl. 4.30}$$

sehr einfach angeben. Anhand dieser Darstellung kann nachgewiesen werden, dass der erste Zustand ein flacher Ausgang

$$y_f = z_1 \qquad \text{Gl. 4.31}$$

ist. Durch die Regelungsnormalform sind die weiteren Zustände zeitliche Ableitungen des vorherigen, und die differenzielle Parametrierung der Zustände der Regelungsnormalform z lautet

$$z = \begin{bmatrix} y_f & \dot{y}_f & \cdots & \overset{(n-1)}{y_f} \end{bmatrix}. \qquad \text{Gl. 4.32}$$

Nach Umformung der letzten Zeile der Regelungsnormalform lässt sich die Parametrierung des Systemeingangs

$$u = a_0 \cdot y_f + a_1 \cdot \dot{y}_f + \cdots + a_{n-1} \cdot \overset{(n-1)}{y_f} + \overset{(n)}{y_f} \qquad \text{Gl. 4.33}$$

direkt angeben. Nach [20] und [60] kann durch die Zustandstransformation

$$z = T_R \cdot x \qquad \text{Gl. 4.34}$$

mithilfe der Transformationsmatrix

$$T_R = \begin{bmatrix} q_S^T \\ q_S^T \cdot A \\ \vdots \\ q_S^T \cdot A^{n-1} \end{bmatrix} \qquad \text{Gl. 4.35}$$

ein lineares System auf die Regelungsnormalform

$$\dot{z} = T_R \cdot A \cdot T_R^{-1} \cdot z + T_R \cdot b \cdot u = A_R \cdot z + b_R \cdot u \qquad \text{Gl. 4.36}$$

$$y = c^T \cdot T_R^{-1} \cdot z = c_R^T \cdot z \qquad \text{Gl. 4.37}$$

transformiert werden. Für die Transformationsmatrix wird die letzte Zeile der inversen Steuerbarkeitsmatrix

$$q_S^T = \begin{bmatrix} 0 & 0 & \cdots & 1 \end{bmatrix} \cdot Q_S^{-1} \qquad \text{Gl. 4.38}$$

benötigt. Die Steuerbarkeitsmatrix

$$Q_S = \begin{bmatrix} b & A \cdot b & \cdots & A^{n-2} \cdot b & A^{n-1} \cdot b \end{bmatrix} \qquad \text{Gl. 4.39}$$

kann invertiert werden, wenn $\text{rang}(Q_S) = n$ erfüllt ist, d. h. das System steuerbar ist.

Im Allgemeinen gilt, wenn ein System steuerbar ist, existiert die Inverse der Steuerbarkeitsmatrix. Mit dieser kann ein lineares System auf die Regelungsnormalform transformiert und ein flacher Ausgang angegeben werden. Folglich ist jedes lineare steuerbare System flach.

Der flachheitsbasierte Steuerungsentwurf erfolgt mittels Systeminversion, indem die Solltrajektorie des flachen Eingangs $y_{f,s}$ und deren zeitlichen Ableitungen in die differenzielle Parametrierung des realen Systemeingangs aus Gleichung 4.27 bzw. 4.33 eingesetzt werden.

Die Berechnung des Systemeingangs unterliegt keiner Dynamik und wird maßgeblich von der Solltrajektorie beeinflusst. Durch die Vorgabe der Solltrajektorie kann auch sichergestellt werden, dass der Arbeitspunktwechsel nach einer definierten Zeitspanne abgeschlossen ist. Daraus ist ersichtlich, dass die Trajektorienplanung ein integraler Bestandteil dieses Steuerungskonzepts ist.

Im Allgemeinen unterscheidet sich der flache Ausgang vom realen Systemausgang. Nach [104] kann über die Bezout-Identität der flache Ausgang $Y_f(s)$ in Bezug auf den realen Eingang $U(s)$ und Ausgang $Y(s)$ des Systems

$$Y_f(s) = \frac{U(s)}{Q(s)} = \frac{Y(s)}{P(s)}$$ Gl. 4.40

angegeben werden. Daraus kann im Zeitbereich die differenzielle Beschreibung des realen Ausgangs anhand des flachen Ausgangs erfolgen:

$$y = b_0 \cdot y_f + b_1 \cdot \dot{y}_f + \ldots + b_m \cdot \overset{(m)}{y_f} = \Psi_y\left(y_f, \ldots \overset{(m)}{y_f}\right).$$ Gl. 4.41

Diese Gleichung wird verwendet, um die Solltrajektorie des realen Ausgangs y_s aus der geplanten Trajektorie des flachen Ausgangs $y_{f,s}$ zu bestimmen. Diese stellt aber auch eine Differenzialgleichung dar, die für die Bestimmung der Solltrajektorie des flachen Ausgangs in Abhängigkeit von dem geforderten Verlauf des realen Ausgangs herangezogen wird. Das charakteristische Polynom aus Gleichung 4.41 entspricht dem Zählerpolynom der Übertragungsfunktion aus Gleichung 4.30, d. h. die Nullstellen des Systems sind die Pole der Differenzialgleichung. Diese Gleichung beschreibt die interne Dynamik und für $y = 0$ die Nulldynamik des Systems. Dementsprechend gelingt die Umrechnung des realen Ausgangs in den flachen Ausgang nur bei asymptotisch stabiler Nulldynamik. Die Nullstellen müssen hierfür in der linken Halbebene liegen. Entspricht der flache Ausgang dem realen Systemausgang, hat das System keine Nulldynamik, und die Festlegung der Trajektorie vereinfacht sich.

Die direkte Vorgabe der Trajektorie in den originalen Zustandskoordinaten erfordert das Lösen des Differenzialgleichungssystems der Systemdynamik. Das Berechnen der Lösung ist aufwendig und wird meist offline durchgeführt, wie in [31] vorgestellt. Daher ist diese Methode für die Berechnung auf einem Steuergerät nicht geeignet.

Eine einfachere Methode stellt die Trajektorienplanug direkt in den flachen Koordinaten y_f dar. Da diese keiner Dynamik unterliegen, ist ein Lösen eines Differenzialgleichungssystems nicht notwendig. Die Trajektorienplanung reduziert sich auf ein rein mathematisches Problem: den Istzustand des Systems mit dem Sollzustand, beispielsweise mit einem Polynom, zu verbinden. Für einen stetigen Verlauf der Eingangsgröße muss die Solltrajektorie n-fach stetig differenzierbar sein. Voraussetzung für eine exakte Trajektorienfolge sind konsistente Anfangsbedingungen.

Bei Modellunsicherheiten oder nicht exakt bekanntem Anfangszustand können während der Trajektorienfolge Abweichungen auftreten. Ein zusätzlicher Regler stabilisiert das System entlang der Solltrajektorie. Als Regler kann eine klassische Ausgangsrückführung, beispielsweise in Form eines PID-Reglers, umgesetzt werden. Den Sollwert für den Vergleich mit dem Systemausgang gibt Gleichung 4.41 an. Alternativ bietet sich an, einen Zustandsregler zu verwenden, bei dem die Sollzustände aus dem flachen Ausgang über Gleichung 4.26 berechnet werden.

Eine elegantere Variante stellt der Folgereglerentwurf in den flachen Koordinaten dar. Mit der Definition eines neuen fiktiven Systemeingangs v für die höchste Ableitung des flachen Ausgangs

$$\overset{(n)}{y}_f = v \qquad\qquad \text{Gl. 4.42}$$

kann durch Einsetzen in Gleichung 4.33 eine Zustandsrückführung für den realen Systemeingang

$$u = \Psi_u\left(y_f, \dot{y}_f, \ddot{y}_f, \ldots, \overset{(n-1)}{y}_f, v\right) \qquad\qquad \text{Gl. 4.43}$$

definiert werden, die das System in die Brunovsky-Koordinaten transformiert. Mit Definition des Regelgesetzes für den fiktiven Eingang

$$v = \overset{(n)}{y}_f - \sum_{i=0}^{n-1} p_i \cdot \left(\overset{(i)}{y}_f - \overset{(i)}{y}_{f,s}\right) \qquad\qquad \text{Gl. 4.44}$$

und Einsetzen in Gleichung 4.42 ergibt sich die Fehlerdynamik des Systems

$$\overset{(n)}{y_f} - \overset{(n)}{y_{f,s}} + \sum_{i=0}^{n-1} p_i \cdot \left(\overset{(i)}{y_f} - \overset{(i)}{y_{f,s}} \right) = 0. \qquad \text{Gl. 4.45}$$

Diese kann damit direkt vorgegeben werden, indem die Koeffizienten p_i entsprechend der Koeffizienten des charakteristischen Polynoms bei Vorgabe der Eigenwerte gewählt werden.

4.4 Entwurf der Drehmomentensteuerung

Für das Erreichen des benötigten Sollzustands zu einem definierten Zeitpunkt eignet sich die vorgestellte flachheitsbasierte Steuerung. Als Entwurfsgrundlage dient das in Gleichung 3.31 im Kapitel 3.2.2 hergeleitete Steuerungsmodell

$$\begin{bmatrix} \Delta \dot{\varphi} \\ \Delta \dot{\omega} \end{bmatrix} = \begin{bmatrix} 0 & 1 \\ -\omega_0^2 & -2 \cdot D \cdot \omega_0 \end{bmatrix} \cdot \begin{bmatrix} \Delta \varphi \\ \Delta \omega \end{bmatrix} + \begin{bmatrix} 0 \\ \frac{1}{J_1} \end{bmatrix} \cdot \tilde{M}_{VM} + \begin{bmatrix} 0 \\ \frac{1}{J_2} \end{bmatrix} \cdot M_{Last} \qquad \text{Gl. 4.46}$$

$$y = \begin{bmatrix} 1 & 0 \end{bmatrix} \cdot \begin{bmatrix} \Delta \varphi \\ \Delta \omega \end{bmatrix}, \qquad \text{Gl. 4.47}$$

wobei das Lastmoment einer Störgröße entspricht. Es handelt sich um ein lineares zeitinvariantes System zweiter Ordnung mit einem Ein- und Ausgang. Für den Nachweis der Flachheit genügt die Überprüfung der Steuerbarkeit nach Kalman. Die Steuerbarkeitsmatrix Q_S hat vollen Rang, wenn deren Determinante von null verschieden ist ([8])

$$\det Q_S = \begin{vmatrix} b & A \cdot b \end{vmatrix} = \begin{vmatrix} \frac{1}{J_1} & \frac{-2 \cdot D \cdot \omega_0}{J_1} \\ 0 & \frac{1}{J_1} \end{vmatrix} = -\frac{1}{J_1^2} \neq 0, \qquad \text{Gl. 4.48}$$

und somit ist das System steuerbar und flach. Der flachheitsbasierte Steuerungsentwurf ist möglich, und der nächste Schritt ist die Bestimmung des flachen Ausgangs y_f. Durch die Transformation auf die Regelungsnormalform

$$\begin{bmatrix} J_1 \cdot \Delta \dot{\varphi} \\ J_1 \cdot \Delta \dot{\omega} \end{bmatrix} = \begin{bmatrix} 0 & 1 \\ -\omega_0^2 & -2 \cdot D \cdot \omega_0 \end{bmatrix} \cdot \begin{bmatrix} J_1 \cdot \Delta \varphi \\ J_1 \cdot \Delta \omega \end{bmatrix} + \begin{bmatrix} 0 \\ 1 \end{bmatrix} \cdot \tilde{M}_{VM} \qquad \text{Gl. 4.49}$$

$$y = \begin{bmatrix} \frac{1}{J_1} & 0 \end{bmatrix} \cdot \begin{bmatrix} \Delta \varphi \\ \Delta \omega \end{bmatrix} \qquad \text{Gl. 4.50}$$

ist der erste Zustand $y_f = J_1 \cdot \Delta \varphi$ des Systems in der Regelungsnormalform ein flacher Ausgang. Eine Multiplikation des flachen Ausgangs mit einem konstanten Faktor ändert nichts an der Eigenschaft der Flachheit. Daher kann als flacher Ausgang auch der reale Systemausgang

$$y_f = \Delta \varphi \qquad \text{Gl. 4.51}$$

gewählt werden. Dies hat den Vorteil, dass keine Nulldynamik vorhanden ist und die Trajektorienplanung direkt in den Ausgangskoordinaten durchgeführt werden kann. Die Systemzustände können durch den flachen Ausgang und dessen zeitliche Ableitung

$$\begin{bmatrix} \Delta \varphi \\ \Delta \omega \end{bmatrix} = \begin{bmatrix} y_f \\ \dot{y}_f \end{bmatrix} = \Psi_x \left(y_f, \dot{y}_f \right) \qquad \text{Gl. 4.52}$$

dargestellt werden. Die Bestimmung der Parametrierung des Systemeingangs erfolgt über die Betrachtung der zweiten Ableitung des flachen Ausgangs.

$$\ddot{y}_f = -2 \cdot D \cdot \omega_0 \cdot \dot{y}_f - \omega_0^2 \cdot y_f + \frac{1}{J_1} \cdot \tilde{M}_{VM} + \frac{1}{J_2} \cdot M_{Last} \qquad \text{Gl. 4.53}$$

Ist die Solltrajektorie des flachen Ausgangs $y_{f,S}$ bekannt, kann durch Umstellen der Gleichung 4.53 die Berechnungsvorschrift für die Vorsteuerung des Systemeingangs

$$\tilde{M}_{VM} = \left(\ddot{y}_{f,S} + 2 \cdot D \cdot \omega_0 \cdot \dot{y}_{f,S} + \omega_0^2 \cdot y_{f,S} - \frac{1}{J_2} \cdot M_{Last} \right) \cdot J_1 \qquad \text{Gl. 4.54}$$

$$= \Psi_u \left(y_{f,S}, \dot{y}_{f,S}, \ddot{y}_{f,S} \right).$$

angegeben werden. Bei dieser Darstellung ist die Störgrößenaufschaltung direkt integriert. Dabei ist es zwingend erforderlich, dass die Störgröße entweder direkt gemessen oder über einen Beobachter abgeschätzt wird. Sind der Anfangszustand und das Lastmoment exakt bekannt, kann diese Steuerung die Verdrillung des Antriebsstrangs entlang einer vorzugebenden Trajektorie in einer definierten Zeit in den Sollzustand überführen.

Neben der Steuerung wird auch die flachheitsbasierte Folgeregelung für dieses System entworfen. Die Zustandsrückführung dieses Systems lautet

$$\tilde{M}_{VM} = \left(v + 2 \cdot D \cdot \omega_0 \cdot \dot{y}_f + \omega_0^2 \cdot y_f - \frac{1}{J_2} \cdot M_{Last} \right), \qquad \text{Gl. 4.55}$$

und da es sich um ein System zweiter Ordnung handelt, ergibt sich für den Regler

$$v = \ddot{y}_{f,s} - p_1 \left(\dot{y}_f - \dot{y}_{f,s} \right) - p_0 \left(y_f - y_{f,s} \right). \qquad \text{Gl. 4.56}$$

Die Koeffizienten können mit Vorgabe von zwei Polen $\lambda_{1,2}$ über das charakteristische Polynom festgelegt werden

$$(s - \lambda_1) \cdot (s - \lambda_2) = s^2 + (-\lambda_1 - \lambda_2) \cdot s + \lambda_1 \cdot \lambda_2 = s^2 + p_1 \cdot s + p_0. \quad \text{Gl. 4.57}$$

4.5 Trajektorienplanung

Die Trajektorienplanung ist integraler Bestandteil der flachheitsbasierten Steuerung und Folgeregelung. Für die Planung der Solltrajektorie gibt es unterschiedliche Ansätze, wie beispielsweise der Einsatz eines PT_1-Glieds, eines Splines oder eines Polynoms. Die Trajektorie muss dabei eine Reihe von Randbedingungen erfüllen, die im Folgenden betrachtet werden.

Aus der Berechnungsvorschrift der Vorsteuerung aus Gleichung 4.54 ist ersichtlich, dass für einen stetigen Verlauf des Motordrehmoments die Trajektorie dreifach stetig differenzierbar sein muss. Des Weiteren muss die Trajektorie die Anfangsverdrillung $\Delta\varphi_0$ und die Sollverdrillung $\Delta\varphi_{soll}$ des Antriebsstrangs

$$y_{f,0} = y_f(t = 0) = \Delta\varphi_0 \qquad \text{Gl. 4.58}$$

$$y_{f,T} = y_f(t = T) = \Delta\varphi_{soll} \qquad \text{Gl. 4.59}$$

zum Zeitpunkt T miteinander verbinden.

Um einen stetigen Verlauf zu Beginn der Trajektorie zu erhalten, muss die Differenzwinkelgeschwindigkeit übereinstimmen. Voraussetzung für die Berechnung der Sollverdrillung ist, dass am Ende der Drehmomentensteuerung keine Differenzwinkelgeschwindigkeit vorhanden ist, wie in Gleichung 4.5 angegeben. Es gelten daher zwei weitere Randbedingungen

$$\dot{y}_{f,0} = \dot{y}_f(t = 0) = \Delta\omega_0 \qquad \text{Gl. 4.60}$$

$$\dot{y}_{f,T} = \dot{y}_f(t = T) = 0. \qquad \text{Gl. 4.61}$$

Da zu Beginn der Trajektorie das Motordrehmoment nicht springen soll, muss die Gleichung 4.53 zum Zeitpunkt $t = 0$

$$\ddot{y}_{f,0} = -2 \cdot D \cdot \omega_0 \cdot \Delta\omega_0 - \omega_0^2 \cdot \Delta\varphi_0 + \frac{1}{J_1} \cdot \tilde{M}_{VM,0} + \frac{1}{J_2} \cdot M_{Last,0} \qquad \text{Gl. 4.62}$$

erfüllt werden. Dies legt eine weitere Randbedingung für die zweite zeitliche Ableitung fest. Nach Ablauf der Trajektorie soll das Motordrehmoment konstant sein und der Antriebsstrang in einem stationären Zustand verharren, da dies eine zeitliche Toleranz beim Trennen der Kupplung erlaubt. Aus dieser Forderung entsteht die sechste Randbedingung

$$\ddot{y}_{f,T} = \ddot{y}_f(t = T) = 0. \qquad \text{Gl. 4.63}$$

Die Verwendung eines Polynoms bietet eine Reihe von Vorteilen. Zum einen ist der Arbeitspunktwechsel nach der vorgegebenen Abbauzeit T abgeschlossen. Zum anderen ist für die Berechnung des Polynoms unter Berücksichtigung der Randbedingungen nur ein Lösen eines linearen Gleichungssystems erforderlich. Dies ist

mittels einer reinen Matrizenrechnung analytisch lösbar und daher gut in einem
Steuergerät implementierbar. Zusätzlich ist die Berechnung der notwendigen zeitlichen Ableitungen einfach durchzuführen.

Um die sechs Randbedingungen aus den Gleichungen 4.58 bis 4.63 zu erfüllen,
sind sechs Freiheitsgrade notwendig. Als Ansatzfunktion wird ein Polynom fünfter
Ordnung

$$y_{f,s}(t) = \Delta\varphi(t) = k_5 \cdot t^5 + k_4 \cdot t^4 + k_3 \cdot t^3 + k_2 \cdot t^2 + k_1 \cdot t + k_0 \qquad \text{Gl. 4.64}$$

mit den Parametern $k_0, k_1, \ldots, k_5$ verwendet. Darüber hinaus ist dieses Polynom
dreifach stetig differenzierbar und erfüllt somit auch diese Forderung. Die Parameter werden durch die Lösung des linearen Gleichungssystems, das sich durch die
Randbedingungen und der Ansatzfunktion ergibt, bestimmt.

$$\begin{bmatrix} k_0 \\ k_1 \\ k_2 \\ k_3 \\ k_4 \\ k_5 \end{bmatrix} = \begin{bmatrix} 1 & 0 & 0 & 0 & 0 & 0 \\ 0 & 1 & 0 & 0 & 0 & 0 \\ 0 & 0 & 20 & 0 & 0 & 0 \\ 1 & T & T^2 & T^3 & T^4 & T^5 \\ 0 & 1 & 2 \cdot T & 3 \cdot T^2 & 4 \cdot T^3 & 5 \cdot T^4 \\ 0 & 0 & 2 & 6 \cdot T & 12 \cdot T^2 & 20 \cdot T^3 \end{bmatrix}^{-1} \cdot \begin{bmatrix} y_{f,0} \\ \dot{y}_{f,0} \\ \ddot{y}_{f,0} \\ y_{f,T} \\ \dot{y}_{f,T} \\ \ddot{y}_{f,T} \end{bmatrix} \qquad \text{Gl. 4.65}$$

Wie aus den Parametern ersichtlich, hat die Abbauzeit T bei gegebenen Randbedingungen einen wesentlichen Einfluss auf den Verlauf des Drehmoments. Mögliche
Trajektorienverläufe und das daraus resultierende Motordrehmoment sind exemplarisch für drei Abbauzeiten T und variierende Anfangszustände in Abbildung 4.7
dargestellt.

Mit abnehmender Abbauzeit werden die Extrema des Motordrehmoments größer,
und im Extremfall wird das maximale oder minimale Motordrehmoment über- bzw.
unterschritten. Ist es nicht möglich, das benötigte Drehmoment zu stellen, dann
kann das System der Solltrajektorie nicht mehr folgen.

Die Abbauzeit T ist dementsprechend in Abhängigkeit von den Randbedingungen
der Trajektorie und der Systemparameter

$$T = f\left(\Delta\varphi_0, \Delta\omega_0, \tilde{M}_{VM,0}, M_{Last,0}, \Delta\varphi_{soll}, D, \omega_0, J_1, J_2\right) \qquad \text{Gl. 4.66}$$

derart zu wählen, dass die Stellgrenzen nicht erreicht werden. Eine analytische
Berechnung der minimalen Abbauzeit in Abhängigkeit von den Systemparametern

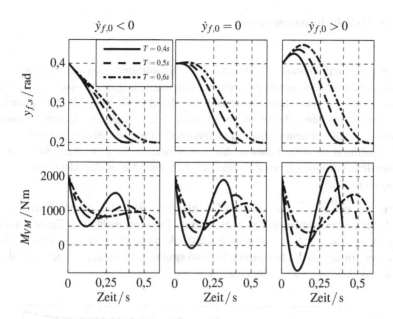

Abbildung 4.7: Trajektorien für verschiedene Abbauzeiten mit variierenden Anfangsbedingungen

und den Randbedingungen ist aufgrund der hohen Ordnung des Polynoms nicht sinnvoll möglich.

Die manuelle Bedatung von Kennfeldern für die Abbauzeit im Rahmen der Applikation der Funktion im Fahrversuch stellt eine Möglichkeit dar. Die vollständige Berücksichtigung aller Einflussparameter der Solltrajektorie stellt einen erheblichen Aufwand dar. Da die Wertebereiche der einzelnen Parameter bekannt sind und die Schaltvorgänge meist nur in einem engen Bereich erfolgen, kann die Bedatung vereinfacht werden und beispielsweise in Abhängigkeit von dem aktuell eingelegten Gang erfolgen. Dies reduziert den Applikationsaufwand erheblich, wobei nicht das volle Potenzial hinsichtlich des Drehmomentabbaus ausgeschöpft wird.

4.6 Simulationsergebnisse

Der erste Funktionstest erfolgt anhand von Simulationen, um die Wirkung des modifizierten Schaltablaufs mit Drehmomentensteuerung zu untersuchen. Für den Test im ersten Entwicklungsschritt wird eine Model-in-the-Loop Simulation durchgeführt. Verwendung findet das in Abschnitt 3.2.1 vorgestellte komplexe Simulationsmodell mit dem nichtlinearen Torsionsdämpfer und Reifenmodell. Da die Zielplattform für diese Funktion das Getriebesteuergerät ist und auf diesem die Funktionen in einem festen Zeitraster ausgeführt werden, ist der Algorithmus zeitdiskret realisiert.

Das Szenario der Simulation ist das Beschleunigen des Fahrzeugs mit einer Hochschaltung vom zweiten in den vierten Gang. Dies entspricht einer Fahrsituation, die in Abschnitt 2.2 als besonders herausfordernd beschrieben wird. Das Ergebnis der Simulation des kompletten Schaltvorgangs mit einer reinen Steuerung des Motordrehmoments zeigt Abbildung 4.8.

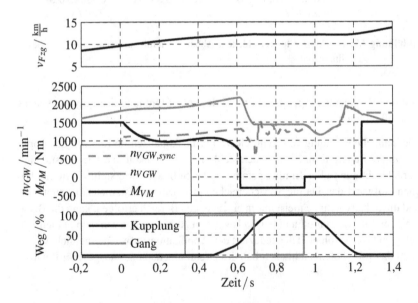

Abbildung 4.8: Simulation des Schaltvorgangs mit Synchronisation durch eine Antriebsstrangschwingung und Motordrehmomentsteuerung

Als Eingang des Simulationsmodells dient das Motordrehmoment M_{VM}. Der daraus resultierende Verlauf der Fahrzeuggeschwindigkeit v_{Fzg} ist im oberen Diagramm dargestellt. Während des Synchronsierungsvorgangs muss die Vorgelegewellendrehzahl n_{VGW} ein Toleranzband um die Synchrondrehzahl für den Zielgang $n_{VGW,sync}$ erreichen, sodass ein Einlegen des Zielgangs erfolgreich möglich ist. Diese Drehzahlen sind im mittleren Diagramm enthalten. Weitere Eingänge des Modells sind die Sollpositionen der Kupplung und des Gangs. Die daraus resultierenden Positionen des am Schaltvorgang beteiligten Kupplungsaktors und Gangaktors sind im letzten Diagramm aufgetragen.

Nach der Anforderung zum Gangwechsel erfolgt die Berechnung der Schaltparameter, wie der notwendigen Antriebsstrangverdrillung etc. Im Anschluss daran führt die Funktion die Drehmomentenreduktion in 0,6 Sekunden durch. Das Öffnen der Kupplung erfolgt bereits vor Abschluss der Drehmomentensteuerung, sodass die Antriebsstrangschwingung direkt im Anschluss beginnt. Mit Erreichen des ersten Minimums der Schwingung wird das Getriebe nach Neutral geschaltet. Die Vorgelegewellendrehzahl erreicht näherungsweise die Zieldrehzahl. Der Getriebeausgang ist weiterhin mit den Rädern verbunden. Da sich die Fahrzeuggeschwindigkeit kaum ändert, schwingt der Getriebeausgang und damit die Synchrondrehzahl der Vorgelegewelle auf die ursprüngliche Drehzahl zurück. Ein unmittelbares Gangeinlegen nach dem Neutralstellen ist nicht möglich, da zum einen je nach Schaltung die Schaltgasse gewechselt werden muss und zum anderen die Schwingung am Getriebeausgang erst abklingen muss. Die Drehzahl liegt innerhalb des Toleranzbands um die Synchrondrehzahl, und der Gang kann eingelegt werden. Nach Schließen der Kupplung beginnt der Drehmomentenaufbau bis zum Fahrerwunschmoment, und der Schaltvorgang ist abgeschlossen.

Die Simulation zeigt, dass dieses Verfahren die Synchronisation über eine Antriebsstrangschwingung ermöglicht. Die Vorgelegewelle erreicht nicht exakt die anvisierte Drehzahl sondern liegt oberhalb der Synchrondrehzahl. Allerdings ist die Abweichung zur Synchrondrehzahl sogar erwünscht, da dies das Einspurverhalten der Klauen unterstützt, solange diese nicht zu groß ist.

Die Abweichung weist dennoch auf einen nicht optimalen Antriebsstrangzustand beim Öffnen der Kupplung hin, wofür mehrere Gründe verantwortlich sind. Zunächst bildet der Zweimassenschwinger aus Abschnitt 3.2.2, der die Entwurfsgrundlage der Steuerung ist, nicht alle dynamischen Effekte des komplexeren Simulationsmodells aus Kapitel 3.2.1 ab. Trotzdem weist die Simulation nach, dass der Ansatz prinzipiell ausreichend für den Funktionsentwurf ist. Des Weiteren ist die Annahme, dass die Kupplung schlagartig öffnet, nicht gültig, da die Kupplung beim Öffnen eine nicht zu vernachlässigende Dynamik aufweist. Dies wird bei der Berechnung des Sollzustands des Antriebsstrangs angenommen. Wie in Abbildung 4.8 ersichtlich, beginnt die Kupplung zu rutschen, und die Schwingung der Vorgelegewelle beginnt bereits – noch bevor die Kupplung vollständig getrennt ist. Die Kupplung rutscht in dieser Phase und entnimmt damit Energie aus dem Antriebsstrang. Dies führt zu einer kleineren Schwingungsamplitude. Diese beiden Effekte haben nur einen kleinen Einfluss und lassen sich während der Laufzeit nur schwer quantifizieren.

Einen weitaus größeren Einfluss hat der Anstieg der Motordrehzahl während der Drehmomentensteuerung. Die Synchrondrehzahl bzw. die Schwingungsamplitude für den Zielgang werden zu Beginn des Schaltvorgangs berechnet. Dies legt die notwendige Verdrillung des Antriebsstrangs fest. Bis zum Ende des Drehmomentenabbaus hat sich die Ausgangsdrehzahl für die Schwingung geändert und die Schwingung erreicht nicht mehr die vorausberechnete Drehzahl. Da auch die Synchrondrehzahl, bedingt durch die höhere Fahrzeuggeschwindigkeit, ansteigt, wird der Einfluss abgemildert. Im Gegensatz zu den anderen beiden Effekten ist es möglich, diesen Einfluss bereits zu Beginn der Schaltung bei der Berechnung der Sollverdrillung mitzuberücksichtigen, wie es Kapitel 5.4.2 vorstellt.

Den Abschluss dieses Kapitels bildet die Diskussion darüber, wie sinnvoll in diesem Fall der Einsatz des Folgereglers ist, den Abschnitt 4.4 beschreibt. Durch den Regler existiert eine Rückführung der Systemzustände auf das Motordrehmoment, und dies führt zu besonderen Herausforderungen. Die Verdrillungsgeschwindigkeit bzw. die Differenzdrehzahl können über die Motor- und Raddrehzahl berechnet werden. Die Antriebsstrangverdrillung hingegen ist mit den im Fahrzeug verbauten Sensoren nicht direkt messbar und muss daher von einem Zustandsbeobachter geschätzt werden. Der Beobachter bringt eine Totzeit in das System ein. Zusätzlich tritt während des Drehmomentenabbaus eine hohe Dynamik im System auf und die geschätzten Größen sind in diesen Phasen aufgrund von Parameterunsicherheiten des Beobachters meist ungenau. Durch die Sensorerfassung und Signalfilterung stehen die Drehzahlen ebenso nur mit einer Verzögerung zur Verfügung, die durch die Sensorerfassung und Signalfilterung bedingt ist.

Eine weitere Verzögerung ist durch die Kommunikation der Steuergeräte über einen CAN-Bus verursacht. Prinzipbedingt ist die Kommunikation nicht deterministisch, sodass variable Totzeiten in Abhängigkeit von der Buslast, der Buslaufzeit, der Taktung der Steuergeräte etc. auftreten. Die Getriebesteuerung sendet die Drehmomentanforderung über einen CAN-Bus an das Motorsteuergerät, die dann mit einer weiteren variablen von der Motordrehzahl abhängigen Verzögerung umgesetzt wird (siehe Kapitel 3.1.1). Die Summe dieser Totzeiten können bereits bis zu 25 % der Zeit für die Drehmomentensteuerung einnehmen. Eine Berücksichtigung der Totzeiten beim Reglerentwurf ist auf Grund des Jitters und der Zeitdauer nicht sinnvoll. Der Regelkreis wird dadurch hinsichtlich der Regelgüte und Robustheit negativ beeinflusst.

Eine reine Steuerung reagiert robuster auf die Totzeit im System. Da sich der Anfangszustand des Antriebsstrangs kaum ändert, hat die Totzeit praktisch keinen Einfluss auf die Drehmomentenreduktion. Begründet auf dieser Problematik erfolgt die Drehmomentenführung durch eine reine Steuerung, und von einem zusätzlichen Regler wird abgesehen.

5 Identifikation, Beobachter und Adaptionen

Für das im Kapitel 4 entwickelte Verfahren ist die Kenntnis der Systemparameter und der Systemzustände erforderlich. Diese sind sowohl für die Berechnung des Sollzustands als auch für die flachheitsbasierte Steuerung notwendig. Nicht alle Systemparameter und der Istzustand des Antriebsstrangs sind a priori bekannt und konstant, daher können diese nicht fest parametriert werden.

Die Eigenkreisfrequenz und das sekundäre Massenträgheitsmoment ändern sich mit dem Beladungszustand des Fahrzeugs. Ebenso kann die im Fahrzeug verbaute Sensorik die Antriebsstrangverdrillung und das Lastdrehmoment nicht direkt messen, sondern ein Schätzverfahren muss diese bestimmen.

Im ersten Teil dieses Kapitels erfolgt zunächst eine Sensitivitätsanalyse, die den Einfluss der einzelnen Parameter und Zustände quantifiziert. Im Anschluss daran werden die Möglichkeiten zur Bestimmung der Systemparameter, wie der Eigenfrequenz und der Dämpfungsgrad, diskutiert. Daraufhin erfolgt die Beschreibung eines Zustands- und Störgrößenbeobachters zur Bestimmung der Antriebsstrangverdrillung und des Lastdrehmoments. Darauf folgend ist die Adaption der Kupplungsdynamik Gegenstand der Betrachtung, um eine zeitlich passende Ansteuerung des Aktors zu ermöglichen. Im Anschluss daran wird die Adaption der Solldifferenzdrehzahl, die notwendig ist, um die Drehzahländerung während der Drehmomentensteuerung zu berücksichtigen, beschrieben. Den Abschluss bildet eine kurze Zusammenfassung der Adaptionsstrategie sowie der Überwachung und der Koordination, die eine Diagnose durchführen und die Adaptionen steuern.

5.1 Sensitivitätsanalyse

Eine Sensitivitätsanalyse quantifiziert den Einfluss der Parameter und Zustände auf die Steuerung. Zunächst erfolgt die Analyse für die Bestimmung des Sollzustands des Antriebsstrangs. Im Anschluss wird eine Untersuchung des Einflusses nicht exakt erreichter Anfangsbedingungen auf die Schwingung des Antriebsstrangs, die zur Synchronisation des Getriebes verwendet wird, durchgeführt. Den Abschluss bildet die Betrachtung des Einflusses auf die Steuerung, die den Sollzustand einstellen soll.

Die Sensitivität eines Systems auf die Änderung von Parametern wird untersucht, indem die Änderung des Ausgangs in Bezug auf die Änderung des Parameters bestimmt wird. Die für die Berechnung der Steuerung zur Verfügung stehenden Parameter und Systemzustände werden mit einem Zirkumflex versehen, beispielsweise für die Eigenkreisfrequenz des Antriebsstrangs $\hat{\omega}_0$.

Für die Untersuchungen wird die Definition für die relative Abweichung k zwischen dem realen Wert und dem im Steuergerät verwendeten benutzt. Am Beispiel der Eigenkreisfrequenz gilt also

$$k = \frac{\hat{\omega}_0 - \omega_0}{\omega_0}. \qquad \text{Gl. 5.1}$$

5.1.1 Berechnung des Sollzustands

Die Berechnung des notwendigen Sollzustands erläutert Abschnitt 4.2. Die Einflussfaktoren für die Berechnung der Synchronisationszeit t_{Syn} sind laut Gleichung 4.8 der Dämpfungsgrad D_K und die Eigenkreisfrequenz $\omega_{0,K}$ des an der Anfahrkupplung getrennten Antriebsstrangs.

Mit der Definition der relativen Abweichung k zwischen der für die Steuerung verwendeten $\hat{\omega}_{0,K}$ und der tatsächlichen Eigenkreisfrequenz $\omega_{0,K}$

$$k = \frac{\hat{\omega}_{0,K} - \omega_{0,K}}{\omega_{0,K}} \qquad \text{Gl. 5.2}$$

kann die Sensitivität auf die Synchronisationszeit bestimmt werden. Die relative Abweichung zwischen der tatsächlichen t_{Syn} und der berechneten Synchronisationszeit $\hat{t}_{Syn}$ ergibt sich demnach zu

$$\frac{\hat{t}_{Syn} - t_{Syn}}{t_{Syn}} = \frac{-k}{1+k}. \qquad \text{Gl. 5.3}$$

Die Abweichung ist unabhängig von der quantitativen Größe der Systemparameter. Entsprechend der linken Diagramme in Abbildung 5.1 ist die berechnete Synchronisationszeit kleiner bei zu groß abgeschätzter Eigenfrequenz.

Entsprechend zur Eigenkreisfrequenz gilt für die relative Abweichung des Dämpfungsgrads die Definition

$$k = \frac{\hat{D}_K - D_K}{D_K}.$$ Gl. 5.4

Die analytische Berechnung der Abweichung liefert einen komplexen Zusammenhang, der unabhängig von der Eigenfrequenz, aber von der absoluten Höhe des Dämpfungsgrads beeinflusst wird.

$$\frac{\hat{t}_{Syn} - t_{Syn}}{t_{Syn}} = \frac{\sqrt{1 - D_K^2}}{\sqrt{1 - D_K^2 \cdot (1+k)^2}} \cdot \frac{\arcsin\left(\sqrt{1 - D_K^2 \cdot (1+k)^2}\right)}{\arcsin\left(\sqrt{1 - D_K^2}\right)} - 1$$ Gl. 5.5

Für eine bessere Übersicht ist das Ergebnis für einen beispielhaften Antriebsstrang in Abbildung 5.1 im rechten Diagramm dargestellt. Die Synchronisationszeit wird bei zu groß angenommenem Dämpfungsgrad überschätzt. Wie der Abbildung zu entnehmen ist, ist die Sensitivität in Bezug auf die Eigenkreisfrequenz erheblich größer als in Bezug auf die Dämpfung.

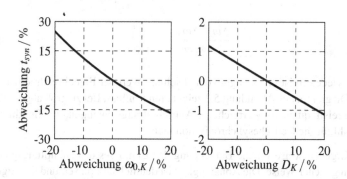

Abbildung 5.1: Einfluss der Systemparameter $\omega_{0,K}$ und D_K auf die Berechnung der Synchronisationszeit

Neben der Bestimmung der Synchronisationszeit wird auch die Sollverdrillung berechnet. Nach Gleichung 4.9 ist diese ebenso von der Eigenfrequenz und der Dämpfung abhängig.

$$\Delta\hat{\varphi}_{soll} = \frac{\Delta\omega_{soll}}{\hat{\omega}_{0,K}} \cdot e^{\frac{\hat{D}_K \cdot \arcsin\left(\sqrt{1-\hat{D}_K^2}\right)}{\sqrt{1-\hat{D}_K^2}}} \qquad\qquad \text{Gl. 5.6}$$

Der Fehler bei der Berechnung der Sollverdrillung des Antriebsstrangs ist von keinem großen Interesse. Vielmehr ist die Abweichung zur Zieldrehzahl entscheidend, wenn die Verdrillung $\hat{\varphi}_{soll}$ durch die Drehmomentensteuerung korrekt eingestellt wird und der Antriebsstrang nach dem Öffnen der Kupplung eine Schwingung ausführt.

Aus Gleichung 4.9 lässt sich durch Einsetzen der Gleichung 5.6 die tatsächlich erreichte Drehzahldifferenz

$$\Delta\hat{\omega} = \frac{\omega_{0,K}}{\hat{\omega}_{0,K}} \cdot \Delta\omega_{soll} \qquad\qquad \text{Gl. 5.7}$$

berechnen. Mit diesem Ergebnis und der Definition aus Gleichung 5.2 ergibt sich für die relative Abweichung der erreichten Zieldrehzahl

$$\frac{\Delta\hat{\omega} - \Delta\omega_{soll}}{\Delta\omega_{soll}} = \frac{-k}{1+k}. \qquad\qquad \text{Gl. 5.8}$$

Diese wiederum ist unabhängig vom absoluten Wert der Eigenkreisfrequenz. Das linke Diagramm aus Abbildung 5.2 zeigt deren Einfluss. Bei zu groß abgeschätzter Eigenkreisfrequenz $\hat{\omega}_{0,K}$ erreicht die Antriebsstrangschwingung die Solldifferenzdrehzahl für die Getriebesynchronisation nicht.

Die Vorgehensweise für die Berechnung des Einflusses des Dämpfungsgrads erfolgt in gleicher Weise. Die Abhängigkeit ist deutlich komplexer, und das Ergebnis lautet

$$\frac{\Delta\hat{\omega} - \Delta\omega_{soll}}{\Delta\omega_{soll}} = e^{\hat{D}_K \cdot \frac{\arcsin\left(\sqrt{1-\hat{D}_K^2}\right)}{\sqrt{1-\hat{D}_K^2}} - D_K \cdot \frac{\arcsin\left(\sqrt{1-D_K^2}\right)}{\sqrt{1-D_K^2}}} - 1. \qquad \text{Gl. 5.9}$$

Der Fehler ist vom absoluten Betrag des Dämpfungsgrads abhängig. Je größer der Dämpfungsgrad ist, desto größer ist der Einfluss einer Abweichung von diesem auf das Erreichen der Differenzdrehzahl. Das Ergebnis ist exemplarisch im rechten Diagramm der Abbildung 5.2 dargestellt.

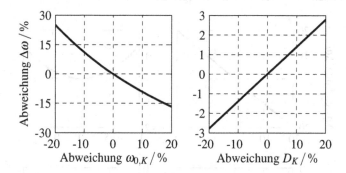

Abbildung 5.2: Einfluss der Systemparameter $\omega_{0,K}$ und D_K auf das Erreichen der Solldrehzahl

Der Abbildung ist zu entnehmen, dass der Einfluss der Eigenfrequenz, wie auch bei der Berechnung der Synchronisationszeit, deutlich größer ist als die der Dämpfung. Die genaue Kenntnis der Eigenkreisfrequenz $\omega_{0,K}$ des an der Kupplung getrennten Antriebsstrangs ist erheblich wichtiger im Vergleich zum Dämpfungsgrad D_K.

5.1.2 Anfangszustand des Antriebsstrangs

Der Zustand des Antriebsstrangs beim Öffnen der Kupplung beeinflusst die Schwingung und damit die erreichte Drehzahldifferenz für die Getriebesynchronisation. Der Einfluss der Verdrillung und der Verdrillungsgeschwindigkeit auf die erreichte Differenzdrehzahl und auf die Synchronisationszeit wird untersucht. Zuerst findet die Betrachtung bei einer Abweichung der Anfangsverdrillung $\Delta\varphi_0$ von der benötigten Sollverdrillung $\Delta\varphi_{soll}$ statt.

Da es sich um ein lineares System handelt, hat die Anfangsverdrillung des Systems keinen Einfluss auf die Eigenkreisfrequenz, und daher erreicht die Schwingung das erste Minimum unabhängig davon zum gleichen Zeitpunkt. Dies ist aus Gleichung 4.8 für die Berechnung der Synchronisationszeit ersichtlich.

Nach Gleichung 4.9 ist die erreichte Differenzdrehzahl direkt proportional zur Verdrillung des Antriebsstrangs zu Beginn des Kupplungstrennens. Anschaulich bedeutet dies, dass eine Abweichung von 10 % in der Anfangsverdrillung zu einer Abweichung von 10 % bei der Zieldrehzahl führt. Die beiden linken Diagramme aus Abbildung 5.3 visualisieren das Ergebnis.

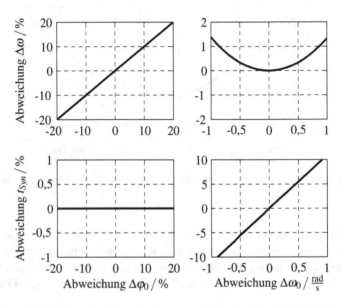

Abbildung 5.3: Einfluss der Anfangsbedingungen auf das Erreichen der Solldrehzahl und der Synchronisationszeit

Die Berechnung des Einflusses der Verdrillungsgeschwindigkeit zu Beginn der Schwingung ist erheblich aufwendiger. Das Differenzialgleichungssystem muss wie in Abschnitt 4.2 allgemein gelöst werden. Daraus kann die Synchronisationszeit und die Differenzwinkelgeschwindigkeit bestimmt werden. Da die Lösung keinen einfachen Zusammenhang liefert und nicht anschaulich interpretiert werden kann, erfolgt die Betrachtung anhand von Diagrammen. Für einen exemplarischen Antriebsstrang sind in den beiden rechten Diagrammen in Abbildung 5.3 der Einfluss dargestellt. Da für die Differenzwinkelgeschwindigkeit zu Beginn $\Delta\omega_0 = 0$ gelten soll, siehe Gleichung 4.5, ist die absolute und nicht die relative Abweichung angegeben.

Eine zu Beginn der Schwingung vorhandene Verdrillung hat nur einen geringen Einfluss auf die erreichte Differenzdrehzahl. Die Abweichung ist auch von der Verdrillung abhängig; je größer diese ist, umso kleiner ist die Beeinflussung durch die Differenzwinkelgeschwindigkeit. Interessant dabei ist, dass niemals eine Unterschreitung der Solldifferenzwinkelgeschwindigkeit auftritt, sondern stets das Ziel nicht erreicht wird.

Im Kontrast dazu ist der Einfluss auf die Synchronisationszeit erheblich größer. Zu diesem Zeitpunkt soll der Aktor den Gang auslegen. Dieser kann aufgrund der Hinterlegung an den Klauen erst ausgelegt werden, wenn die Schwingung das Minimum erreicht hat. Der praktische Einfluss auf diesen Schaltablauf ist gering, da der Gangaktor vorausschauend angesteuert wird und der Gang erst bei Erreichen des Minimums ausgelegt wird.

5.1.3 Trajektorienplanung und Steuerung

Dieser Abschnitt untersucht die Parametersensitivität auf die Trajektorienplanung und die Drehmomentensteuerung. Die Berechnungsvorschriften sind in den Unterkapiteln 4.4 und 4.5 ausführlich beschrieben. Die Einflussfaktoren können in zwei Gruppen unterteilt werden. Zum einen legen die Systemparameter ω_0, D, J_1 und J_2 und zum anderen die Systemzustände zu Beginn des Drehmomentenabbaus $\Delta\omega_0$, $\Delta\varphi_0$, $\tilde{M}_{VM,0}$ und $M_{Last,0}$ maßgeblich die Steuerung fest. Da die Trajektorienplanung ein notwendiger Bestandteil der Drehmomentensteuerung ist, ist eine getrennte Betrachtung dieser beiden Teile nicht sinnvoll.

Um die Analyse zu vereinfachen, wird das Steuerungsmodell aus Gleichung 3.31 als Systembeschreibung herangezogen. Die Untersuchungen der einzelnen Einflussfaktoren auf das System gestalten sich einfacher im Frequenzbereich. Mit der Laplace-Transformation können die beiden Systemzustände

$$X(s) = \frac{1}{J_1 \cdot \left(s^2 + 2 \cdot D \cdot \omega_0 \cdot s + \omega_0^2\right)} \cdot \tilde{M}_{VM}(s) \cdot \begin{bmatrix} 1 \\ s \end{bmatrix}$$
$$+ \frac{1}{J_2 \cdot \left(s^2 + 2 \cdot D \cdot \omega_0 \cdot s + \omega_0^2\right)} \cdot M_{Last}(s) \cdot \begin{bmatrix} 1 \\ s \end{bmatrix} \qquad \text{Gl. 5.10}$$

im Frequenzbereich dargestellt werden. Für die flachheitsbasierte Steuerung aus Gleichung 4.54 werden die angenommenen Systemparameter verwendet, und der Systemeingang lautet im Frequenzbereich

$$\tilde{M}_{VM}(s) = \hat{J}_1 \cdot \left(s^2 + 2 \cdot \hat{D} \cdot \hat{\omega}_0 \cdot s + \hat{\omega}_0^2\right) \cdot Y_{f,s}(s) + \frac{\hat{J}_1}{\hat{J}_2} \cdot \hat{M}_{Last}(s). \qquad \text{Gl. 5.11}$$

Die Parameter der Berechung des Sollmotordrehmoments stellen die Laplace-transformierte Solltrajektorie $Y_{f,s}(s)$ und das Lastdrehmoment $\hat{M}_{Last}(s)$ dar. Durch Einsetzen in Gleichung 5.10 ergibt sich für die Systemzustände

$$
\begin{aligned}
X(s) = &\frac{\hat{J}_1 \cdot \left(s^2 + 2 \cdot \hat{D} \cdot \hat{\omega}_0 \cdot s + \hat{\omega}_0^2\right)}{J_1 \cdot \left(s^2 + 2 \cdot D \cdot \omega_0 \cdot s + \omega_0^2\right)} \cdot Y_{f,soll}(s) \cdot \begin{bmatrix} 1 \\ s \end{bmatrix} \\
&+ \frac{1}{J_2 \cdot \left(s^2 + 2 \cdot D \cdot \omega_0 \cdot s + \omega_0^2\right)} \cdot M_{Last}(s) \cdot \begin{bmatrix} 1 \\ s \end{bmatrix} \\
&- \frac{\hat{J}_1}{\hat{J}_2 \cdot J_1 \cdot \left(s^2 + 2 \cdot D \cdot \omega_0 \cdot s + \omega_0^2\right)} \cdot \hat{M}_{Last}(s) \cdot \begin{bmatrix} 1 \\ s \end{bmatrix}.
\end{aligned}
\qquad \text{Gl. 5.12}
$$

Aus dieser Darstellung ist offensichtlich zu erkennen, dass die Systemzustände dem Sollverlauf folgen, falls der Steuerung die Systemparameter und das Lastdrehmoment exakt bekannt sind.

Der Solltrajektorienverlauf kann ebenso über die Laplace-Transformation leicht in den Frequenzbereich überführt werden, da es sich um ein Polynom fünfter Ordnung handelt.

$$
Y_{f,soll}(s) = \frac{k_0}{s} + \frac{k_1}{s^2} + \frac{2 \cdot k_2}{s^3} + \frac{6 \cdot k_3}{s^4} + \frac{24 \cdot k_4}{s^5} + \frac{120 \cdot k_5}{s^6}
\qquad \text{Gl. 5.13}
$$

Die Parameter $a_{0,...,5}$ des Polynoms sind entsprechend der Gleichung 4.65 zu berechnen. Hierbei haben insbesondere die Anfangsbedingungen und der berechnete Zielzustand des Systems einen Einfluss.

Diese Beschreibungen bilden die Grundlage für die Analysen zur Bestimmung der Sensitivität der Steuerung bezüglich der Systemparameter und Anfangsbedingungen. Betrachtet wird der Systemausgang, die Verdrillung $\Delta\varphi$ und die Differenzwinkelgeschwindigkeit $\Delta\omega$. Zum Zeitpunkt T ist die Drehmomentenreduktion beendet und es soll für die Systemzustände gelten

$$
\Delta\varphi(T) \overset{!}{=} \Delta\varphi_{soll}
\qquad \text{Gl. 5.14}
$$

$$
\Delta\omega(T) \overset{!}{=} 0.
\qquad \text{Gl. 5.15}
$$

Deren Einfluss auf das Erreichen der Zieldrehzahl der Vorgelegewelle mit der Antriebsstrangschwingung behandelt der vorherige Abschnitt 5.1.2. Als Gütemaß für die Sensitivität dient die Abweichung zu diesen gewünschten Sollzuständen.

Die erste Analyse betrachtet die Auswirkungen der ungenau bekannten Eigenfrequenz

$$\hat{\omega}_0 = \omega_0 \cdot (1+k), \qquad\qquad \text{Gl. 5.16}$$

wobei alle weiteren Parameter als exakt bekannt angenommen werden. Nach Gleichung 5.12 kompensiert die Steuerung das Lastdrehmoment vollständig und die Gleichung vereinfacht sich zu

$$X(s) = \frac{s^2 + 2 \cdot D \cdot \hat{\omega}_0 + \hat{\omega}_0^2}{s^2 + 2 \cdot D \cdot \omega_0 + \omega_0^2} \cdot Y_{f,soll}(s) \cdot \begin{bmatrix} 1 \\ s \end{bmatrix}. \qquad \text{Gl. 5.17}$$

Da die Nullstellen der Steuerung nicht mit den Polen des Systems exakt übereinstimmen und diese nicht kompensieren, folgen die Zustände der Solltrajektorie nicht. Die Fehler zum Zeitpunkt T sind von Interesse. Diese können analytisch durch Lösen des Differenzialgleichungssystems bestimmt werden. Durch den dynamischen Vorgang ist die Abweichung zum Sollzustand sowohl von den Parametern D und ω_0 als auch von der Länge des Drehmomentenabbaus abhängig. Die analytische Lösung liefert komplizierte und sehr lange Lösungen, deren Interpretation nicht anschaulich ist. Für die graphische Darstellung der Sensitivität ist es ausreichend den Fehler mittels Simulation bzw. rein numerisch für einen exemplarischen Antriebsstrang zu bestimmen.

Die beiden linken Diagramme in Abbildung 5.4 zeigen die Sensitivität beim relativen Fehler der Eigenkreisfrequenz auf die erreichten Zustände. Für die Differenzwinkelgeschwindigkeit $\Delta\omega$ zwischen dem primären und sekundären Massenträgheitsmoment ist der absolute Fehler im Diagramm oben links angegeben, da nach Gleichung 5.15 der Sollwert null ist. Der zweite Systemparameter ist der Dämpfungsgrad D. Die Betrachtungen erfolgen hier in gleicher Weise, und die Ergebnisse der Simulation zeigen die beiden rechten Diagramme in Abbildung 5.4.

Anhand der Diagramme ist leicht zu erkennen, dass ein Fehler bei der Eigenkreisfrequenz $\hat{\omega}_0$ einen erheblich größeren Einfluss hat als ein Fehler beim Dämpfungsgrad $\hat{D}$. Die Auswirkungen einer Abweichung des Dämpfungsgrads sind absolut gesehen sehr gering bis praktisch vernachlässigbar. Darüber hinaus ist der Effekt auf die Differenzwinkelgeschwindigkeit sehr klein. Eine möglichst genaue Bestimmung der Eigenkreisfrequenz ist daher für dieses Verfahren essenziell.

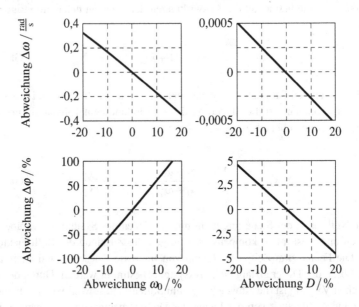

– **Abbildung 5.4:** Einfluss der Systemparameter ω_0 und D auf das Erreichen des Sollzustands

Zwei weitere Systemparameter, das primäre und sekundäre Massenträgheitsmoment J_1 bzw. J_2, stellen ebenso Einflussfaktoren dar. Bei Variation des primären Massenträgheitsmoments $\hat{J}_1$ gilt für die Systemzustände

$$
X(s) = (1+k) \cdot Y_{f,soll}(s) \cdot \begin{bmatrix} 1 \\ s \end{bmatrix}
$$
$$
+ \frac{-k}{J_2 \cdot \left(s^2 + 2 \cdot D \cdot \omega_0 \cdot s + \omega_0^2\right)} \cdot M_{Last}(s) \cdot \begin{bmatrix} 1 \\ s \end{bmatrix}
$$

Gl. 5.18

mit der relativen Abweichung k. Das System wird dynamisch korrekt für die Solltrajektorie kompensiert, allerdings existiert ein stationärer Fehler $\frac{\hat{J}_1}{J_1} = 1 + k$. Das Lastdrehmoment kompensiert die Steuerung nicht vollständig. Daher regt ein vorhandenes Lastdrehmoment den Antriebsstrang an, sodass dieser eine Schwingung ausführt. Den Einfluss von J_1 zeigen die beiden linken Diagramme der Abbildung 5.5.

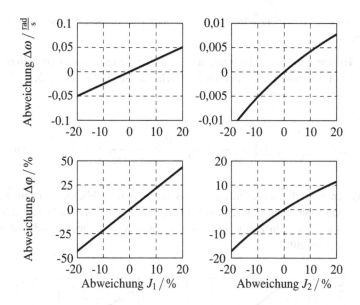

Abbildung 5.5: Sensitivität der Steuerung auf Variation der Massenträgheitsmomente

Im Falle einer nicht korrekten Annahme des sekundären Massenträgheitsmoments J_2 gilt für die Systemzustände.

$$X(s) = \left(Y_{f,soll}(s) + \frac{k}{1+k} \cdot \frac{1}{s^2 + 2 \cdot D \cdot \omega_0 \cdot s + \omega_0^2} \cdot M_{Last}(s) \right) \cdot \begin{bmatrix} 1 \\ s \end{bmatrix}$$ Gl. 5.19

Durch die Steuerung tritt kein stationärer Fehler, der durch die Solltrajektorie verursacht wird, auf. Allerdings führt auch in diesem Fall bei vorhandenem Lastdrehmoment das System eine Schwingung aus. Die Sensitivität kann den beiden Diagrammen auf der rechten Seite in Abbildung 5.5 entnommen werden.

Der Einfluss des primären Massenträgheitsmoments J_1 ist deutlich größer als die des sekundären Massenträgheitsmoments J_2. In beiden Fällen wird deutlich, dass die Auswirkungen auf die Differenzwinkelgeschwindigkeit $\Delta\omega$ sehr gering sind.

Nach der Analyse für die Systemparameter liegt der Fokus im weiteren Verlauf auf den Anfangsbedingungen. Zunächst wird die Variation beim Lastdrehmoment untersucht. Dieses ändert sich im Vergleich zur Länge eines Schaltvorgangs sehr langsam, da es während einer Fahrt maßgeblich durch die Fahrzeuggeschwindigkeit und die Fahrbahnsteigung beeinflusst wird. Daher ist die Annahme zulässig, dass das Lastdrehmoment während der Drehmomentensteuerung einen konstanten Wert hat.

Unter der Annahme, dass alle restlichen Parameter korrekt sind, ergibt sich durch Einsetzen der relativen Variation des Lastdrehmoments in Gleichung 5.12 für die Abweichung der beiden Zustände

$$X(s) = \left(Y_{f,soll}(s) + \frac{-k \cdot M_{Last}}{J_2 \cdot \left(s^2 + 2 \cdot D \cdot \omega_0 \cdot s + \omega_0^2\right)} \right) \cdot \begin{bmatrix} 1 \\ s \end{bmatrix}. \qquad \text{Gl. 5.20}$$

Das System wird durch die Differenz zwischen dem tatsächlichen und dem angenommenen Lastdrehmoment zu einer Schwingung angeregt, die der Solltrajektorie überlagert ist. Die zum Zeitpunkt T verursachten Abweichungen sind in Abbildung 5.6 dargestellt.

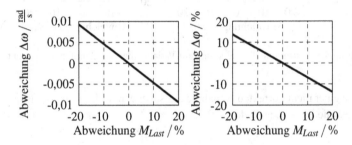

Abbildung 5.6: Sensitivität der Steuerung auf Variation des Lastdrehmoments

Den Abschluss der Analysen bilden die Zustände zu Beginn des Drehmomentenabbaus. Die Trajektorienplanung verwendet diese, um den Sollverlauf für die Steuerung festzulegen. Stimmen die angenommenen Anfangsbedingungen nicht mit den tatsächlich im Antriebsstrang vorhandenen überein, kann die flachheitsbasierte Steuerung den Antriebsstrang nicht in den Sollzustand überführen. Auch in diesem Fall erfolgt die Analyse anhand von numerischen Simulationen. Die Ergebnisse sind in der Abbildung 5.7 zu finden.

Eine ungenau bekannte anfängliche Verdrillung führt zu einer größeren Abweichung des Sollwerts. Der Einfluss auf die Verdrillungsgeschwindigkeit ist wie in allen Fällen eher gering.

Fazit dieser Untersuchungen ist, dass für eine gute Funktionalität der Steuerung vor allem die Eigenkreisfrequenz ω_0 und die beiden Massenträgheitsmomente J_1 und J_2 möglichst genau bekannt sein müssen. Der Einfluss des Dämpfungsgrades

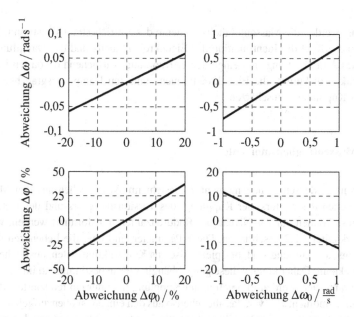

Abbildung 5.7: Einfluss der Anfangsbedingungen auf die Steuerung

D ist sehr gering und hat für den Einsatz dieser Steuerung keine große Bedeutung. Bei den Randbedingungen ist die Antriebsstrangverdrillung $\Delta\varphi$ am wichtigsten. Allerdings können das Lastdrehmoment und die Verdrillungsgeschwindigkeit bei weitem nicht vernachlässigt werden.

5.2 Identifikation der Systemparameter des Antriebsstrangs

Die Sensitivitätsanalyse aus Unterkapitel 5.1 liefert die Erkenntnis, dass der Steuerung die Systemparameter möglichst genau zur Verfügung stehen müssen, um eine zufriedenstellende Funktion zu gewährleisten. Das sekundäre Massenträgheitsmoment und die Eigenfrequenz des Antriebsstrangs ändern sich in Abhängigkeit von der Beladung des Fahrzeugs und können somit nicht als konstanter Parameter für die Funktion appliziert werden. Eine Schätzung während der Fahrt ist daher notwendig. Die folgenden Unterkapitel erläutern Möglichkeiten für die Bestimmung dieser Parameter.

Zunächst werden die Massenträgheitsmomente des Antriebsstrangs bestimmt. Im Anschluss erfolgt die Identifikation der Eigenkreisfrequenz und des Dämpfungsgrads des Antriebsstrangs mit eingerückter Kupplung. Ausgehend davon wird die Möglichkeit diskutiert, die Eigenkreisfrequenz und den Dämpfungsgrad bei getrennter Kupplung abzuschätzen.

5.2.1 Massenträgheitsmomente

Das primäre Massenträgheitsmoment J_1 besteht im Wesentlichen aus den Massenträgheiten des Motors, der Kupplung, des Torsionsdämpfers und des Getriebes. Diese können auf das Niveau der Raddrehzahlen transformiert werden, wie in Unterkapitel 3.2.2 beschrieben. Diese Parameter sind über die Lebenszeit des Fahrzeugs konstant und sind, beispielsweise aus Konstruktionsdaten, ausreichend genau bekannt. Daher können diese gangabhängig offline bestimmt und im Steuergerät parametriert werden. Bei getrennter Kupplung liegt nur ein reduziertes Massenträgheitsmoment $J_{1,K}$ vor, das aber ebenso aus den einzelnen oben aufgelisteten Massenträgheitsmomenten besteht und entsprechend gangabhängig festgelegt werden kann.

Komplizierter gestaltet sich die Bestimmung des sekundären Massenträgheitsmoments, da sich dieses von Fahrt zu Fahrt ändern kann. Einen großen Anteil davon bestimmt die Gesamtmasse des Fahrzeugs. Hinzu kommt das Massenträgheitsmoment der Räder, die den wesentlich kleineren Anteil an dem sekundären Massenträgheitsmoment stellen. Je nach Beladungszustand des Fahrzeugs variiert die Gesamtmasse zwischen 7,5 und 40 Tonnen und muss daher während des Fahrbetriebs abgeschätzt werden. Zahlreiche andere Funktionen in den Steuergeräten des Fahrzeugs, unter anderem die automatische Gangwahl oder der Drehmomentenabbau einer normalen Schaltung, verwenden bereits die Fahrzeugmasse als Parameter. Daher existieren verschiedene Methoden zur Abschätzung, die in Serie eingesetzt werden und somit Stand der Technik sind. Einen Überblick über die Verfahren zur Masse- und Steigungsbestimmung gibt [86].

Ein Ansatz besteht darin, dass die Beschleunigung des Fahrzeugs direkt mit dem Motordrehmoment und den Fahrwiderständen zusammenhängt. Ein am Fahrzeug angebrachter Sensor misst die Längsbeschleunigung a_{Sens}, die der Fahrzeugbeschleunigung a_{Fzg} in der Ebene entspricht. Bei einer Fahrt in einer Steigung addiert sich anteilig die Erdbeschleunigung g.

$$a_{Sens} = a_{Fzg} + g \cdot \sin(\alpha_{St}) \qquad \text{Gl. 5.21}$$

Ausgangspunkt für die Abschätzung der Fahrzeugmasse m_{Fzg} ist die Fahrdynamik-gleichung 3.20. Ist das Fahrzeug nicht in einem hoch transienten Vorgang, kann die Längskraft im Latsch

$$F_x = M_{VM} \cdot i_{ges} \cdot \frac{1}{r_{dyn}} \qquad \text{Gl. 5.22}$$

mithilfe des Motordrehmoments M_{VM}, der Gesamtübersetzung des Antriebs-strangs i_{ges} und des dynamischen Reifenhalbmessers r_{dyn} abgeschätzt werden. Der Rollwiderstand F_{Roll} ist direkt proportional zur Aufstandskraft F_z, sodass dieser ebenso von der Steigung und der Fahrzeugmasse abhängig ist.

$$F_{Roll} = f_R(v_{Fzg}) \cdot m_{Fzg} \cdot g \cdot \cos(\alpha_{St}) \qquad \text{Gl. 5.23}$$

Die Koeffizienten für die Berechnung des Rollwiderstands und des Luftwider-stands sowie der dynamische Reifenhalbmesser können im Steuergerät parame-triert werden. Da moderne Nutzfahrzeuge mittels eines Sensors die Steigung direkt messen können, vereinfacht sich die Berechnung der Fahrzeugmasse m_{Fzg}.

$$m_{Fzg} = \frac{F_x - F_{Luft}}{\underbrace{a_{Fzg} + g \cdot \sin(a_{St})}_{a_{Sens}} + g \cdot f_R(v_{Fzg}) \cdot \cos(\alpha_{St})} \qquad \text{Gl. 5.24}$$

Ist schließlich die Fahrzeugmasse bekannt, ist die Berechnung des sekundären Massenträgheitsmoments

$$J_2 = m_{Fzg} \cdot r_{dyn}^2 \qquad \text{Gl. 5.25}$$

möglich. Da die Fahrzeugmasse aus der gemessenen Geschwindigkeit bestimmt wird, enthält diese auch anteilig die Massenträgheitsmomente der Räder. Diese müssen daher nicht separat identifiziert werden.

5.2.2 Geschlossener Antriebsstrang

Die Drehmomentensteuerung und Trajektorienplanung aus dem Kapitel 4.4 bzw. 4.5 benötigen die Eigenfrequenz und den Dämpfungsgrad des Antriebsstrangs bei eingerückter Kupplung. Hierbei ist die erste Eigenform, das sogenannte Ruckeln, von Interesse [96]. Die Sensitivitätsanalyse zeigt, dass die Eigenfrequenz im Vergleich zum Dämpfungsgrad einen viel größeren Einfluss auf die Funktion hat. Die Eigenfrequenz des Antriebsstrangs variiert maßgeblich über die Gesamtmasse des Fahrzeugs. Da sich diese je nach Beladung zwischen 7,5 und 40 Tonnen stark ändern kann, ist es notwendig, diese Parameter während des Fahrbetriebs zu identifizieren.

Die Identifikationsalgorithmen klassifiziert [44] anhand von verschiedenen Kriterien. Ein wichtiges Unterscheidungsmerkmal ist, ob die Identifikation für ein parametrisches oder nichtparametrisches Modell durchgeführt wird. Die Identifikationsgrundlage stellt das Zweimassenmodell aus Kapitel 3.2.2 dar. Dabei handelt es sich um ein parametrisches Modell, da die physikalischen Systemparameter direkt enthalten sind.

Darüber hinaus kann zwischen einer online und offline Identifikation unterschieden werden. Bei einer offline Identifikation werden die Messdaten aufgezeichnet und im Anschluss verarbeitet, wo hingegen beim online Verfahren die Verarbeitung unmittelbar durchgeführt wird.

Je nach Algorithmus erfolgt die Verarbeitung in einem Block, bei der die Messdaten zunächst zwischengespeichert und anschließend an einem Stück verarbeitet werden. Hierbei werden meist nichtrekursive Verfahren eingesetzt. Im Gegensatz dazu werden bei einer Echtzeitverarbeitung die Daten unmittelbar nach der Messung fortlaufend verarbeitet. Bei dieser Variante bieten sich rekursive Verfahren an, bei denen nach jedem neuen Messwert der Fehler bestimmt und das vom letzten Zeitschritt bekannte Modell verbessert wird. Ein Vorteil besteht darin, dass die Identifikation nicht alle Messwerte aus den vorherigen Zeitschritten benötigt. Da die Eigenfrequenz laufend während des Fahrbetriebs bestimmt werden soll, bieten sich rekursive on-line Verfahren an.

Da diese Systemparameter für andere Funktionen im Antriebsstrang, z. B. beim Antiruckelregler oder dem Drehmomentenabbau einer normalen Schaltung, verwendet werden, existieren verschiedene Verfahren diese Parameter zu identifizieren. Einen Überblick über verschiedene Verfahren zur Parameteridentifikation fasst [99] zusammen, wie die rekursive Methode der kleinsten Quadrate, abgekürzt mit RLS (engl.: recursive least squares). Auch [47] verwendet diese Methode und setzt zusätzlich eine Adaption mit Referenzverfahren [42] ein, um den Dämpfungsgrad genauer bestimmen zu können.

Die rekursive Methode der kleinsten Fehlerquadrate findet sehr häufig Anwendung, um Systemparameter, wie die Eigenfrequenz, eines zeitdiskreten Systems zu identifizieren, da dies ein bewährtes und robustes Verfahren darstellt. Eine ausführliche Erläuterung ist in den oben genannten Literaturstellen und in [44] zu finden. Im Folgenden wird die RLS-Methode kurz vorgestellt.

Die Entwurfsgrundlage für den Entwurf des Identifikationsalgorithmus ist die diskrete Systembeschreibung in Form einer diskreten Übertragungsfunktion $F(z)$. Im Allgemeinen ist ein System m-ter Ordnung mit einer vorhandenen Totzeit d über

$$F(z) = \frac{Y(z)}{U(s)} = \frac{b_1 \cdot z^{-1} + \cdots + b_m \cdot z^{-m}}{1 + a_1 \cdot z^{-1} + \cdots + a_m \cdot z^{-m}} \cdot z^{-d} \qquad \text{Gl. 5.26}$$

definiert. Die Parameteridentifikation soll die diskreten Systemparameter a_i und b_i durch Messung der Eingangs- und Ausgangsgrößen bestimmen. Der quadratische Fehler zwischen dem geschätzten $\hat{y}$ und dem realen Systemausgang y dient als Gütefunktional für die rekursive Methode der kleinsten Fehlerquadrate. Das Entwurfsziel ist die Minimierung dieses Gütemaßes. Die identifizierten Parameter $\hat{a}_i$ und $\hat{b}_i$ werden im Parametervektor $\hat{\Theta}$

$$\hat{\Theta} = \begin{bmatrix} \hat{a}_1 & \cdots & \hat{a}_m & \hat{b}_1 & \cdots & \hat{b}_m \end{bmatrix}^T \qquad \text{Gl. 5.27}$$

zusammengefasst. Mit den im Datenvektor Ψ^T

$$\Psi^T(k) = \begin{bmatrix} -y(k-1) & \cdots & -y(k-m) & u(k-d-1) & \cdots & u(k-d-m) \end{bmatrix}$$
$$\text{Gl. 5.28}$$

enthaltenen Werten des Systemeingangs und -ausgangs kann für den nächsten Zeitschritt der Systemausgang vorhergesagt werden.

$$\hat{y}(k+1) = \Psi^T(k+1) \cdot \hat{\Theta}(k) \qquad \text{Gl. 5.29}$$

Der bestehende Fehler verbessert über einen Korrekturvektor $\gamma(k)$ die geschätzten Parameter $\hat{\Theta}(k+1)$ für den nächsten Zeitschritt. Die Gleichungen der rekursiven Methode der kleinsten Fehlerquadrate lauten:

$$\gamma(k) = \frac{1}{\Psi^T(k+1) \cdot P(k) \cdot \Psi(k+1) + 1} \cdot P(k) \Psi(k+1) \qquad \text{Gl. 5.30}$$

$$\hat{\Theta}(k+1) = \hat{\Theta}(k) + \gamma(k) \cdot \begin{bmatrix} y(k+1) - \Psi^T(k+1) \cdot \hat{\Theta}(k) \end{bmatrix} \qquad \text{Gl. 5.31}$$

$$P(k+1) = \begin{bmatrix} I - \gamma(k) \cdot \psi^T(k+1) \end{bmatrix} \cdot P(k) \qquad \text{Gl. 5.32}$$

Die identifizierten Parameter $\hat{\Theta}$ und der Korrekturvektor γ werden mit jedem Zeitschritt neu berechnet.

Für dieses Verfahren ist es erforderlich, das zeitkontinuierliche Entwurfsmodell aus Kapitel 3.2.2 zeitlich zu diskretisieren. Da die Motordrehzahl in der Regel sehr gut aufgelöst und mit geringem Zeitverzug zur Verfügung steht, stellt diese eine sinnvolle Wahl als Ausgangsgröße dar. Darüber hinaus fällt die Schwingungsamplitude größer aus als am Rad. Neben dem Motordrehmoment regt auch das Lastdrehmoment die Motordrehzahl an. Die zeitkontinuierliche Übertragungsfunktion

$$
\begin{aligned}
\Omega_1(s) = & \frac{\frac{1}{J_1} \cdot s^2 + \frac{d}{J_1 \cdot J_2} \cdot s + \frac{c}{J_1 \cdot J_2}}{s \cdot \left(s^2 + 2 \cdot D \cdot \omega_0 \cdot s + \omega_0^2\right)} \cdot \tilde{M}_{VM}(s) \\
& + \frac{\frac{d}{J_1 \cdot J_2} \cdot s + \frac{c}{J_1 \cdot J_2}}{s \cdot \left(s^2 + 2 \cdot D \cdot \omega_0 \cdot s + \omega_0^2\right)} \cdot M_{Last}
\end{aligned}
$$

Gl. 5.33

zeigt den dynamischen Zusammenhang zwischen dem Motordrehmoment, dem Lastdrehmoment und der Motordrehzahl. Die Pole des Systems sind für beide Eingangsgrößen identisch.

Die Eigenkreisfrequenz ω_0 und der Dämpfungsgrad D sind im Nenner der Übertragungsfunktion des Systems enthalten. Daraus können die Pole $\lambda_{1,2,3}$ bestimmt werden.

$$
\lambda_{1,2} = -D \cdot \omega_0 \pm j \cdot \omega_0 \cdot \sqrt{1 - D^2} = -\delta \pm j \cdot \omega_d \qquad \text{Gl. 5.34}
$$

$$
\lambda_3 = 0 \qquad \text{Gl. 5.35}
$$

Die Bestimmung der zeitdiskreten Beschreibung des Nenners ist in diesem Fall möglich. Die Substitutionsbeziehung

$$
z_\infty = e^{\lambda \cdot T_S} \qquad \text{Gl. 5.36}
$$

gibt die Umrechnung zwischen den Polstellen des zeitdiskretisierten Systems z_∞ mit der Abtastzeit T_S und den zeitkontinuierlichen Polen an. Eine entsprechende Beziehung für die Nullstellen des Systems existiert nicht. [95]

Die diskreten Polstellen ergeben sich zu

$$z_{\infty,1} = 1 \qquad \text{Gl. 5.37}$$

$$z_{\infty,2,3} = e^{-\delta \cdot T_S} \cdot (\cos(\omega_d \cdot T_S) \pm j \cdot \sin(\omega_d \cdot T_S)) \qquad \text{Gl. 5.38}$$

und daraus berechnen sich die Koeffizienten $a_{1,2,3}$ des Nenners der Übertragungsfunktion.

$$a_1 = -2 \cdot e^{-\delta \cdot T_S} \cdot \cos(\omega_d \cdot T_S) - 1 \qquad \text{Gl. 5.39}$$

$$a_2 = e^{-2 \cdot \delta \cdot T_S} + 2 \cdot e^{-\delta \cdot T_S} \cdot \cos(\omega_d \cdot T) \qquad \text{Gl. 5.40}$$

$$a_3 = -e^{-2 \cdot \delta \cdot T_S} \qquad \text{Gl. 5.41}$$

Da die Polstellen sowohl von der Eigenkreisfrequenz als auch von dem Dämpfungsgrad abhängig sind, ist die Identifizierung der Koeffizienten des Nenners a_1, a_2 und a_3 ausreichend. Demzufolge ist es nicht notwendig, die diskreten Nullstellen aus den physikalischen Parametern zu bestimmen. Während des Drehmomentenabbaus ist das Lastmoment nahezu konstant und daher ist die Annahme

$$M_{Last}[k] = M_{Last}[k-1] = M_{Last}[k-2] = \dots \qquad \text{Gl. 5.42}$$

zulässig. Die zeitdiskrete Beschreibung vereinfacht sich zu

$$\Omega_1(z) = \frac{\left(b_1 \cdot z^{-1} + b_2 \cdot z^{-2} + b_3 \cdot z^{-3}\right) \cdot M_{VM}(z) + b_4 \cdot M_{Last}(z)}{1 + a_1 \cdot z^{-1} + a_2 \cdot z^{-2} + a_3 \cdot z^{-3}} \qquad \text{Gl. 5.43}$$

und stellt schließlich die Entwurfsgrundlage der Parameteridentifikation mittels RLS dar.

Die rekursive Methode der kleinsten Fehlerquadrate aus den Gleichungen 5.28 und 5.30 bis 5.32 identifiziert die Parameter des Nenners. Um die physikalischen Parameter aus den Koeffizienten der diskreten Übertragungsfunktion zu bestimmen, ist die Umkehrfunktion zu den Gleichungen 5.39 bis 5.41 erforderlich. Die gedämpfte Eigenfrequenz ω_d und die Abklingkonstante δ berechnen sich über

$$\hat{\delta} = -\frac{1}{2 \cdot T_S} \cdot \ln\left(-\hat{a}_3\right) \qquad\qquad \text{Gl. 5.44}$$

$$\hat{\omega}_d = \frac{1}{T_S} \cdot \arccos\left(\frac{\hat{a}_2 + \hat{a}_3}{2 \cdot \sqrt{-\hat{a}_3}}\right) \qquad\qquad \text{Gl. 5.45}$$

$$\hat{\omega}_d = \frac{1}{T_S} \cdot \arccos\left(\frac{\hat{a}_1 + 1}{-2 \cdot \sqrt{-\hat{a}_3}}\right) \qquad\qquad \text{Gl. 5.46}$$

aus den identifizierten Parametern.

Da die beiden Koeffizienten a_1 und a_2 von der gedämpften Eigenkreisfrequenz abhängig sind, kann diese aus beiden berechnet werden. Aus dieser und dem Abklingfaktor kann letztendlich die Eigenkreisfrequenz ω_0 und der Dämpfungsgrad D berechnet werden.

Bei diesem Verfahren sind einige Einschränkungen zu beachten, um numerische Probleme zu vermeiden und eine konsistente Parameterschätzung zu erhalten. Die Abtastzeit muss ausreichend groß gewählt werden, da bei zu kleinen Abtastzeiten die Identifikation numerisch instabil und ungenau wird. Dies ist auch aus der Betrachtung der Substitutionsbeziehung aus Gleichung 5.36 ersichtlich. Mit kleiner werdender Abtastzeit wandern die diskreten Polstellen näher zur 1, und alle Pole liegen dann sehr nahe beieinander. Die Abtastzeit T_S soll in Abhängigkeit von der zu erwartenden Prozesszeitkonstante passend gewählt werden. Gute Ergebnisse sind mit

$$T_S = \frac{1}{5 \ldots 15} \cdot \frac{2 \cdot \pi}{\omega_0} \qquad\qquad \text{Gl. 5.47}$$

zu erwarten [45]. Darüber hinaus muss die Ordnung des Systems bekannt, der Prozess stabil, steuer- und beobachtbar sein und das Eingangssignal muss das System fortlaufend anregen. [44]

Das Identifikationsergebnis der RLS-Methode anhand von Fahrzeugmessungen zeigt Abbildung 5.8. Das Szenario umfasst mehrere Tip-In/Tip-Out-Fahrmanöver im zweiten Gang, die den Antriebsstrang anregen. Das Motordrehmoment M_{VM} und die sich einstellende dazugehörige Motordrehzahl n_{VM} zeigen die beiden oberen Diagramme. Die identifizierte Eigenkreisfrequenz $\hat{\omega}_0$ und der identifizierte Dämpfungsgrad $\hat{D}$ sind in den unteren beiden Diagrammen dargestellt. Die beiden Lösungen für die Berechnung der Eigenkreisfrequenz und des Dämpfungsgrads aus den Koeffizienten a_1 und a_2 sind nahezu deckungsgleich und konvergieren auf einen Wert. Diese sind als gestrichelte respektive durchgezogene Linie in den beiden unteren Diagrammen in Abbildung 5.8 visualisiert. Die RLS-Methode ist in der Lage, die für die Drehmomentensteuerung und Trajektorienplanung notwendigen physikalischen Modellparameter zu identifizieren. Die Konvergenz und die Genauigkeit des Ergebnisses ist im Allgemeinen für den Dämpfungsgrad schlechter bzw. ungenauer.

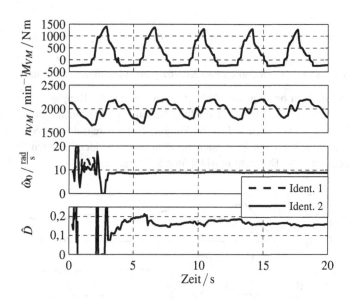

Abbildung 5.8: Identifikation der Eigenfrequenz und des Dämpfungsgrads

5.2.3 Getrennter Antriebsstrang

Die Berechnung der notwendigen Verdrillung und der Synchronisationszeit aus Kapitel 4.2 benötigt die Eigenfrequenz $\omega_{0,K}$ und den Dämpfungsgrad D_K des Antriebsstrangs mit ausgerückter Kupplung. Im vorangegangenen Unterkapitel 5.2.2 gelingt es mit der RLS-Methode, die physikalischen Parameter des Antriebsstrangs zu bestimmen. Daher ist es naheliegend, diese auch für die Identifikation der physikalischen Systemparameter bei ausgerückter Kupplung zu verwenden.

In diesem Fall ist der Motor über die Kupplung vom restlichen Antriebsstrang abgetrennt. Daher kann die Motordrehzahl nicht als Ausgangsgröße dienen. Hier

bietet sich an, die Vorgelegewellendrehzahl heranzuziehen, da diese mit hoher Auf-
lösung zur Verfügung steht. Ebenso kann das Motordrehmoment nicht mehr als
Eingangsgröße dienen, da dieses keinen Einfluss auf den restlichen Antriebsstrang
hat. Als neue Eingangsgröße wird das Lastdrehmoment herangezogen, da dieses
die einzig verbleibende Größe ist, die den Antriebsstrang anregt. Das Lastdrehmoment ist während der Synchronisationsphase praktisch konstant, und die Identifi-
kationsaufgabe in Form der Differenzengleichung vereinfacht sich zu:

$$\omega_1[k] = -a_1 \cdot \omega_1[k-1] - a_2 \cdot \omega_1[k-2] - a_3 \cdot \omega_1[k-3] + a_4 \cdot M_{Last}[k] \quad \text{Gl. 5.48}$$

In diesem Fall müssen lediglich vier Koeffizienten identifiziert werden.

Die Identifikation benötigt eine Fahrsituation, bei der die Kupplung getrennt ist.
Für einen ersten Test wird die Kupplung bei einem verspannten Antriebsstrang
schnellstmöglich geöffnet, sodass die Vorgelegewellendrehzahl eine Schwingung
ausführt. Die anhand von Messdaten aus dem Fahrzeug identifizierten Parameter
sind ebenso wie die Drehzahl in Abbildung 5.9 dargestellt.

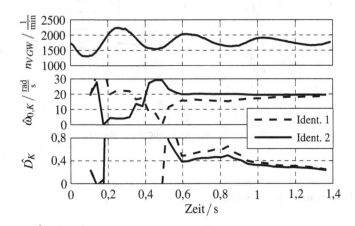

Abbildung 5.9: Identifikation der Eigenfrequenz und des Dämpfungsgrads des getrennten
                   Antriebsstrangs

Die identifizierten Parameter konvergieren, aber die identifizierte Eigenkreisfrequenz liegt über dem realen Wert $\omega_{0,K} \approx 16\,\text{rad/s}$, der durch eine Analyse der
gedämpften Schwingung im Drehzahlverlauf bestimmt werden kann. Die Konver-
genz und Robustheit ist für beide Parameter nicht ausreichend. Eine Ursache ist die

nicht fortdauernde Anregung des Eingangssignals, da das Lastdrehmoment praktisch konstant ist. Dass dennoch eine Identifikation näherungsweise gelingt, ist der induzierten Schwingung im Antriebsstrang geschuldet.

Weiterhin ist problematisch, dass die notwendige Fahrsituation im normalen Fahrbetrieb nicht auftritt. Bei herkömmlichen Schaltvorgängen ist es das Ziel, dass der Antriebsstrang beim Trennen der Kupplung keine Schwingung ausführt. Des Weiteren wird im Getriebe direkt nach dem Öffnen der Kupplung der Gang ausgelegt und daher tritt keine längere Schwingung zur Identifikation auf. Bei dem in dieser Arbeit vorgestellten Schaltvorgang wird der Antriebsstrang gezielt in Schwingung versetzt, die prinzipiell für die Identifikation verwendet werden könnte. Der Gang wird hier bereits mit dem Erreichen des ersten Minimums ausgelegt. Die Forderung für die Abtastzeit aus Gleichung 5.47 hat zur Folge, dass bis zu diesem Zeitpunkt häufig nur drei Messpunkte vorhanden sind und die Identifikation noch nicht möglich ist. Aus den genannten Gründen ist das RLS-Verfahren für die Bestimmung der Modellparameter des getrennten Antriebsstrangs nicht geeignet und daher ist die Anwendung einer anderen Methode notwendig.

Da die primären Massenträgheitsmomente J_1, $J_{1,VM}$ und $J_{1,K}$ bekannt sind, lassen sich die Eigenkreisfrequenz $\omega_{0,K}$ und die Dämpfung D_K näherungsweise aus den Parametern des geschlossenen Antriebsstrangs berechnen. Die vorhandenen Steifigkeiten im Antriebsstrang sind in erster Näherung bei ein- und ausgerückter Kupplung identisch. Deshalb ist die Annahme zulässig, dass die Gesamtsteifigkeit des Antriebsstrangs c_{AS} in beiden Fällen identisch ist. Daraus können die Parameter des getrennten Antriebsstrangs mithilfe der Parameter bei eingerückter Kupplung berechnet werden, wie in Abbildung 5.10 illustriert.

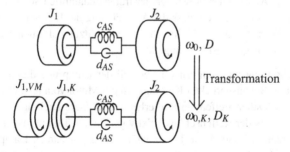

Abbildung 5.10: Transformation der Parameter vom geschlossenen auf den getrennten Antriebsstrang

Aus der Gleichung 3.29 in Kapitel 3.2.2 können die Eigenkreisfrequenzen

$$\omega_0^2 = c_{AS} \cdot \left(\frac{1}{J_1} + \frac{1}{J_2} \right) \qquad \text{Gl. 5.49}$$

$$\omega_{0,K}^2 = c_{AS} \cdot \left(\frac{1}{J_{1,K}} + \frac{1}{J_2} \right) \qquad \text{Gl. 5.50}$$

in Abhängigkeit von den Massenträgheitsmomenten und der Gesamtsteifigkeit angegeben werden. Aus diesen beiden Gleichungen lässt sich schließlich die Eigenkreisfrequenz des getrennten Antriebsstrangs $\omega_{0,K}$ mithilfe der identifizierten Eigenkreisfrequenz des geschlossenen Antriebsstrangs berechnen.

$$\omega_{0,K}^2 = \omega_0^2 \cdot \left(\frac{J_1}{J_{1,K}} \cdot \frac{J_2 + J_{1,K}}{J_2 + J_1} \right) \qquad \text{Gl. 5.51}$$

Entsprechendes gilt auch für die Abschätzung des Dämpfungsgrads.

$$D_K^2 = D^2 \cdot \left(\frac{J_1}{J_{1,K}} \cdot \frac{J_2 + J_{1,K}}{J_2 + J_1} \right) \qquad \text{Gl. 5.52}$$

Die Güte dieser Abschätzung der Parameter aus denen des geschlossenen Antriebsstrangs zeigt Abbildung 5.11 im Vergleich zu den beiden identifizierten Parametern, bezeichnet mit Ident. 1 und Ident. 2, und dem Istwert der physikalischen
Parameter. Eine Analyse der Messdaten der freien gedämpften Schwingung liefert
die realen Werte. Es zeigt sich, dass die Abschätzung der Eigenkreisfrequenz den
tatsächlichen Wert sehr gut trifft. Sowohl die Abschätzung als auch die Identifikation des Dämpfungsgrads ist ungenügend.

Beim Antriebsstrang wird ein erheblicher Teil der Dämpfung durch den Reifenschlupf erzeugt. Bei ausgerückter Kupplung ist der Motor vom restlichen Antriebsstrang getrennt. Daher greifen am Rad erheblich kleinere Drehmomente an. Dies
hat zur Folge, dass der Reifenschlupf relativ gering ausfällt und daher kaum eine
Dämpfung erzeugt. Folglich ist die Annahme einer konstanten Dämpfung nicht
gültig und die Abschätzung des Dämpfungsgrads liefert zu große Werte. Die Pra-
xis zeigt, dass der Dämpfungsgrad des getrennten Antriebsstrangs näherungsweise
dem des geschlossenen Antriebsstrangs entspricht. Die Sensitivitätsanalyse liefert,
dass ein Fehler bei der Bestimmung des Dämpfungsgrads deutlich geringere Auswirkungen auf die Funktion hat und folglich der Dämpfungsgrad bei eingerückter
Kupplung auch für den getrennten Antriebsstrang verwendet werden kann.

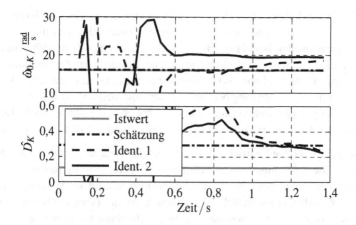

Abbildung 5.11: Abschätzung der Eigenfrequenz und des Dämpfungsgrads des ausgekuppelten Antriebsstrangs

5.3 Antriebsstrangbeobachter

Die Berechnung der Drehmomentensteuerung und die Trajektorienplanung benötigen die Antriebsstrangverdrillung und das Lastdrehmoment. Diese Zustandsgrößen können die im Fahrzeug vorhandenen Sensoren nicht direkt messen und müssen über einen Beobachter rekonstruiert werden, der im Folgenden entworfen wird. Darüber hinaus ist die Kenntnis des übertragenen Kupplungsdrehmoments für die Adaption der Kupplungsdynamik wichtig. Dieses schätzt ein weiterer Beobachter, dessen Entwurf zum Abschluss in Kapitel 5.3.2 erfolgt.

5.3.1 Verdrillung und Lastdrehmoment

Die Trajektorienplanung benötigt die Antriebsstrangverdrillung zu Beginn der Trajektorie. Diese stellt im Steuerungsmodell (Gleichung 3.27) einen Zustand dar. Darüber hinaus wird für die Berechnung der flachen Steuerung das Lastdrehmoment benötigt. Dieses kann als Störgröße des Systems angesehen werden. In beiden Fällen ist es ausreichend, wenn der aktuelle Wert zu Beginn der Trajektorienplanung vorliegt. Der zeitliche Verlauf während der Drehmomentenreduktion wird nicht benötigt.

Sowohl die Verdrillung als auch das Lastdrehmoment kann die im Fahrzeug verbaute Sensorik nicht direkt messen. Für die Rekonstruktion von nicht messbaren Systemzuständen besteht das Konzept des Luenberger-Zustandsbeobachters [57, 58]. Es existieren verschiedene Ansätze, um Zustände des Antriebsstrangs zu bestimmen. Häufig wird nur das Getriebeausgangsdrehmoment geschätzt [47, 69]. Die Schätzung der Verdrillung bei vorhandener Lose stellt [35] vor. Im Gegensatz dazu wird hier das Konzept verfolgt, einen kombinierten Beobachter für die Rekonstruktion der Antriebsstrangverdrillung und des Lastdrehmoments zu entwerfen.

Als Grundlage für den Beobachterentwurf dient das Steuerungsmodell (Gleichung 3.27). Für die Schätzung des Lastdrehmoments ist eine Erweiterung um ein Störgrößenmodell notwendig. Das Lastdrehmoment beinhaltet im Wesentlichen die Fahrwiderstände und ändert sich daher relativ langsam, sodass es als stationär angesehen werden kann. Folglich kann für die Beschreibung der Dynamik

$$\dot{M}_{Last} = 0 \qquad \text{Gl. 5.53}$$

als Modell herangezogen werden. Das vollständige Entwurfsmodell des Beobachters ergibt sich damit zu:

$$\begin{bmatrix} \dot{\omega}_1 \\ \dot{\omega}_2 \\ \Delta\dot{\varphi} \\ \dot{M}_{Last} \end{bmatrix} = \begin{bmatrix} -\frac{d_{AS}}{J_1} & \frac{d_{AS}}{J_1} & -\frac{c_{AS}}{J_1} & 0 \\ \frac{d_{AS}}{J_2} & -\frac{d_{AS}}{J_2} & \frac{c_{AS}}{J_2} & -\frac{1}{J_2} \\ 1 & -1 & 0 & 0 \\ 0 & 0 & 0 & 0 \end{bmatrix} \cdot \begin{bmatrix} \omega_1 \\ \omega_2 \\ \Delta\varphi \\ M_{Last} \end{bmatrix} + \begin{bmatrix} \frac{1}{J_1} \\ 0 \\ 0 \\ 0 \end{bmatrix} \cdot \tilde{M}_{VM}. \qquad \text{Gl. 5.54}$$

Die Parameter des Systems können über die in Kapitel 5.2 beschriebenen Verfahren identifiziert werden bzw. sind bekannt und können fest parametriert werden. Da die Motor- und Raddrehzahl durch die Sensorik erfasst werden, muss der Beobachter diese beiden Zustände nicht rekonstruieren.

Ein in der Ordnung reduzierter Beobachter, wie in [20] und [60] beschrieben, verbessert die Güte der Zustandsrekonstruktion, da nur die Größen geschätzt werden, die nicht durch Messung zur Verfügung stehen. Die Zustandsraumbeschreibung des Systems kann in die messbaren Zustände y und die zu rekonstruierenden Zustände x_2 unterteilt werden.

$$\begin{bmatrix} \dot{y} \\ \dot{x}_2 \end{bmatrix} = \begin{bmatrix} A_{11} & A_{12} \\ A_{21} & A_{22} \end{bmatrix} \cdot \begin{bmatrix} y \\ x_2 \end{bmatrix} + \begin{bmatrix} B_1 \\ B_2 \end{bmatrix} \cdot u \qquad \text{Gl. 5.55}$$

Nach [20] und [60] lautet die Beschreibung des Beobachters mit der Rückführmatrix L

$$\dot{\tilde{x}}_2 = (A_{22} - L \cdot A_{12}) \cdot \tilde{x}_2 + (B_2 - L \cdot B_1) \cdot u +$$
$$(A_{21} - L \cdot A_{11} + (A_{22} - L \cdot A_{12}) \cdot L) \cdot y \qquad \text{Gl. 5.56}$$

$$\hat{x}_2 = \tilde{x}_2 + L \cdot y. \qquad \text{Gl. 5.57}$$

Die Beobachterpole $\lambda_{B,i}$ sind die Eigenwerte der Matrix $A_{22} - L \cdot A_{12}$. Mit den gewählten Beobachtereigenwerten kann daraus die Rückführmatrix L berechnet werden.

Das Beobachterentwurfsmodell des Antriebsstrangs aus Gleichung 5.54 ist bereits in die messbaren und zu rekonstruierenden Zustände aufgeteilt. Es ist ein Beobachter zweiter Ordnung mit dementsprechend zwei Beobachtereigenwerten $\lambda_{B,1}$ und $\lambda_{B,2}$ notwendig. Die Zustandsraumbeschreibung des Beobachters lautet

$$\begin{bmatrix} \Delta \dot{\tilde{\varphi}} \\ \dot{\tilde{M}}_{Last} \end{bmatrix} = \begin{bmatrix} \lambda_{B,1} & 0 \\ 0 & \lambda_{B,2} \end{bmatrix} \cdot \begin{bmatrix} \Delta \tilde{\varphi} \\ \tilde{M}_{Last} \end{bmatrix} + \begin{bmatrix} -\frac{\lambda_{B,1}}{c_{AS}} \\ -\lambda_{B,2} \end{bmatrix} \cdot \tilde{M}_{VM}$$
$$+ \begin{bmatrix} \lambda_{B,1}^2 \cdot \frac{J_1}{c_{AS}} + \lambda_{B,1} \cdot \frac{d_{ASW}}{c_{AS}} + 1 & \lambda_{B,1} \cdot \frac{d_{AS}}{c_{AS}} - 1 \\ \lambda_{B,2}^2 \cdot J_1 & \lambda_{B,2}^2 \cdot J_2 \end{bmatrix} \cdot \begin{bmatrix} \omega_1 \\ \omega_2 \end{bmatrix} \qquad \text{Gl. 5.58}$$

$$\begin{bmatrix} \Delta \hat{\varphi} \\ \hat{M}_{Last} \end{bmatrix} = \begin{bmatrix} \Delta \tilde{\varphi} \\ \tilde{M}_{Last} \end{bmatrix} + \begin{bmatrix} \lambda_{B,1} \cdot \frac{d_{AS}}{c_{AS}} & 0 \\ \lambda_{B,2} \cdot J_1 & \lambda_{B,2} \cdot J_2 \end{bmatrix} \cdot \begin{bmatrix} \omega_1 \\ \omega_2 \end{bmatrix}. \qquad \text{Gl. 5.59}$$

Die Eigenwerte $\lambda_{B,1}$ und $\lambda_{B,2}$ müssen derart gewählt werden, dass der Beobachtungsfehler möglichst schnell abklingt. Die Pole sollen in der komplexen Halbebene links der Systemdynamik und von möglichen Reglereigenwerten liegen. Je weiter die Pole nach links verschoben werden, umso größer ist der Einfluss des Messrauschens auf den Beobachtungsfehler, da der Beobachter einen differenzierenden Charakter erhält. Eine ausgewogene Wahl zwischen Fehlerdynamik und Einfluss des Messrauschens ist erforderlich.

Das Ergebnis des entworfenen Antriebsstrangbeobachters mit Messdaten aus einer Versuchsfahrt ist in Abbildung 5.12 dargestellt. Da die Verdrillung $\Delta \varphi$ und das Lastdrehmoment M_{Last} mittels Sensoren nicht direkt messbar sind, erfolgt der Vergleich mit den Zustandsgrößen aus einer parallel durchgeführten Simulation. Die ersten beiden Diagramme zeigen das Motordrehmoment bzw. die Drehzahlen ω_1 und ω_2 aus den Messdaten. Aus dem dritten Diagramm ist ersichtlich, dass der

Beobachter die Verdrillung des Antriebsstrangs gut rekonstruiert. Das Lastdrehmoment, im vierten Diagramm dargestellt, schwankt sehr stark um den Istwert, da
das Entwurfsmodell nicht alle dynamischen Effekte des Antriebsstrangs, wie beispielsweise den Reifenschlupf, abbildet. Durch eine Filterung mittels eines gleiten-
den Mittelwertes mit linearer Gewichtung und ausreichend großem Fenster (siehe
[81]) verbessert sich das geschätzte Lastdrehmoment erheblich.

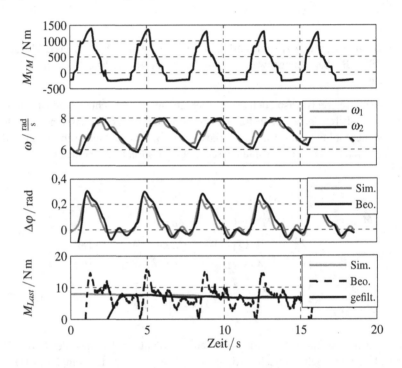

Abbildung 5.12: Geschätzte Werte des Antriebsstrangbeobachters

5.3.2 Kupplungsdrehmoment

Die Adaption der Kupplungsdynamik aus Kapitel 5.4.1 benötigt das von der Kupplung übertragene Drehmoment M_{Kpl}. Zur Veranschaulichung des Kupplungsdrehmoments ist in Abbildung 5.13 das freigeschnittene System mit den Reaktions-
drehmomenten dargestellt. Das Kupplungsdrehmoment ist ebenso nicht direkt mittels Fahrzeugsensorik messbar. Bei einer haftenden Kupplung ist die Drehzahl der

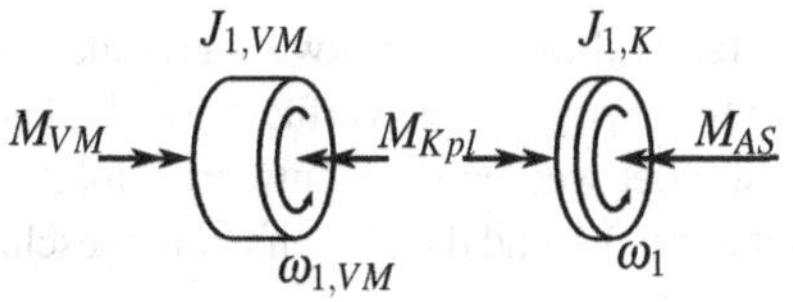

Abbildung 5.13: Reaktionsdrehmomente an der Kupplung

beiden Kupplungsteile gleich groß. Sind die Massenträgheitsmomente, das Motordrehmoment und das Antriebsstrangdrehmoment bekannt, kann das Kupplungsdrehmoment über

$$M_{Kpl} = \frac{J_{1,VM} \cdot M_{AS} + J_{1,K} \cdot M_{VM}}{J_{1,VM} + J_{1,K}}$$ Gl. 5.60

abgeschätzt werden. In der Regel ist das Motormassenträgheitsmoment $J_{1,VM}$ deutlich größer als das des Getriebes $J_{1,G}$. Daher entspricht in erster Näherung das Kupplungsdrehmoment dem Antriebsstrangdrehmoment. Falls dieses zur Verfügung steht, ist es ebenso über einen Beobachter abgeschätzt worden [47].

Das Kupplungsdrehmoment kann ein Beobachter mit reduzierter Ordnung rekonstruieren. Lediglich das Massenträgheitsmoment des Motors und die Primärseite der Kupplung stellen das zu beobachtende System dar. Das Massenträgheitsmoment des Motors und die primäre Seite der Kupplung sind bekannt. Daher eignet sich für den Beobachter eine einfache Struktur, deren Dynamik über die Differenzialgleichung

$$J_{1,VM} \cdot \dot{\omega}_1 = M_{VM} - M_{Kpl}.$$ Gl. 5.61

beschrieben wird. Das Kupplungsdrehmoment entspricht einer sich nur langsam ändernden Störgröße und daher gilt die Annahme

$$\dot{M}_{Kpl} = 0.$$ Gl. 5.62

In Verbindung mit der Gleichung 5.61 beschreibt die Zustandsraumdarstellung

$$\begin{bmatrix} \dot{\omega}_1 \\ \dot{M}_{Kpl} \end{bmatrix} = \begin{bmatrix} 0 & -\frac{1}{J_{1,VM}} \\ 0 & 0 \end{bmatrix} \cdot \begin{bmatrix} \omega_1 \\ M_{Kpl} \end{bmatrix} + \begin{bmatrix} \frac{1}{J_{1,VM}} \\ 0 \end{bmatrix} \cdot M_{VM}$$ Gl. 5.63

das dynamische Verhalten und dient als Entwurfsgrundlage des Beobachters. Da die Motordrehzahl ω_1 als Messgröße zur Verfügung steht, kann ein Beobachter reduzierter Ordnung verwendet werden. Der Entwurf erfolgt entsprechend der Vorgehensweise aus Abschnitt 5.3.1 und die Zustandsraumbeschreibung des Beobachters lautet

$$\dot{\tilde{M}}_{Kpl} = \lambda_B \cdot \tilde{M}_{Kpl} + \begin{bmatrix} \lambda_B^2 \cdot J_{1,VM} & -\lambda_B \end{bmatrix} \cdot \begin{bmatrix} \omega_1 \\ M_{VM} \end{bmatrix} \qquad \text{Gl. 5.64}$$

$$\hat{M}_{Kpl} = \tilde{M}_{Kpl} + \lambda_B \cdot J_{1,VM} \cdot \omega_1. \qquad \text{Gl. 5.65}$$

Bei der Wahl des Beobachtereigenwerts ist darauf zu achten, dass dieser nicht zu weit links in der komplexen Halbebene liegt, da sonst der Beobachter einen differenzierenden Charakter erhält und die verrauschten Sensorsignale die Ergebnisse verschlechtern.

Die Bewertung der Wirkungsweise des Beobachters erfolgt durch einen Vergleich zwischen dem mittels Beobachter aus einer Fahrzeugmessung rekonstruierten Kupplungsdrehmoment und dem parallel gerechneten Simulationsmodell des Antriebsstrangs, das mit dem gemessenen Motordrehmoment stimuliert wird. Das Ergebnis aus Abbildung 5.14 zeigt, dass der entworfene Beobachter das Kupplungsdrehmoment gut wiedergibt.

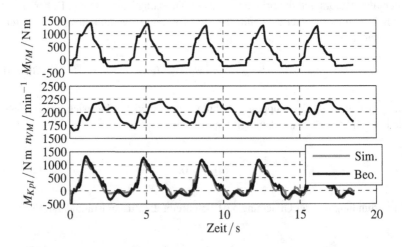

Abbildung 5.14: Ergebnis des Kupplungsdrehmomentbeobachters

5.4 Adaptionen

In der Ablaufsteuerung des Schaltvorgangs mit Synchronisation mittels einer Antriebsstrangschwingung ist es notwendig, die Kupplung vorauseilend anzusteuern, wie es Kapitel 4.1 vorstellt wird. Da sich die Kupplungskennlinie über die Lebensdauer verändert, ist es notwendig, diese bzw. die Kupplungsdynamik während des Fahrbetriebs fortwährend zu adaptieren. Die Adaption der Kupplungaktordynamik beschreibt Unterkapitel 5.4.1. Unterkapitel 5.4.2 erläutert ein Verfahren, das den Drehzahlanstieg während der Phase der Drehmomentensteuerung in der Trajektorienplanung berücksichtigt.

5.4.1 Kupplungsaktordynamik

Für das in Kapitel 4.1 vorgestellte Verfahren ist es unablässig, dass mit Abschluss der Motordrehmomentsteuerung die Kupplung zu rutschen beginnt und der Antriebsstrang die gewünschte Schwingung für die Synchronisation ausführt. Die Kupplung beginnt zu rutschen, wenn das an der Kupplung anliegende Drehmoment größer ist, als mit der aktuellen Kupplungsposition übertragen werden kann.

Den zeitlichen Verlauf des aktuell übertragenen Kupplungsdrehmoments, des maximal möglichen Kupplungsdrehmoments sowie des Motordrehmoments während der Drehmomentensteuerung während einer Schaltung zeigt Abbildung 5.15.

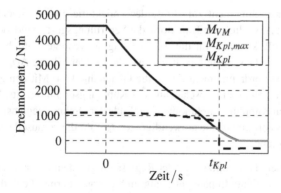

Abbildung 5.15: Kupplungsdrehmoment während der Motordrehmomentsteuerung

Die Kupplung wird vorauseilend derart angesteuert, dass sie mit Ende der Drehmomentensteuerung zu rutschen beginnt. Die Dynamik der Kupplung bzw. das mögliche Kupplungsdrehmoment in Abhängigkeit von der Ansteuerzeit sind beispielhaft in Abbildung 5.16 dargestellt. Durch den nahezu linearen Zusammenhang bietet

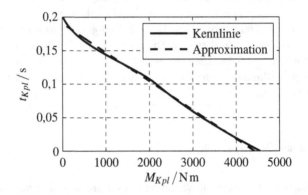

Abbildung 5.16: Kupplungsöffnungszeit über Kupplungsdrehmoment

es sich an, die Dynamik über eine Regressionsgerade, die über

$$t_{Kpl} = M_{Kpl} \cdot a + b \qquad\qquad \text{Gl. 5.66}$$

definiert ist, zu approximieren.

Das Kupplungsdrehmoment zum Ende der Trajektorie gibt die Gleichung 5.60 wieder. Da mit Abschluss der Trajektorie die Verdrillungsgeschwindigkeit $\Delta\omega = 0$ erreicht sein soll, kann das für die Abschätzung notwendige Antriebsstrangdrehmoment über die Gesamtsteifigkeit c_{AS} und die Sollverdrillung $\Delta\varphi_{soll}$ berechnet werden. Das Motordrehmoment liefert die Gleichung 4.54. Mit den Massenträgheitsmomenten gelingt die Abschätzung des Kupplungsdrehmoments. Mit diesem zu erwartenden Kupplungsdrehmoment am Ende der Drehmomentensteuerung liefert die Regressionsgerade die notwendige Zeit t_{Kpl} für die vorauseilende Ansteuerung der Kupplung.

Nach [8] können die Koeffizienten der Regressionsgerade rekursiv berechnet werden, was eine effiziente Implementierung im Steuergerät ermöglicht, da nicht alle

vergangenen Messpunkte gespeichert werden müssen. Die rekursive Berechnung
der Koeffizienten erfolgt über

$$b = \frac{\sum\limits_{i=1}^{n} \left(M_{Kpl,i} - \bar{M}_{Kpl} \right) \cdot \left(t_{Kpl,i} - \bar{t}_{Kpl} \right)}{\sum\limits_{i=1}^{n} \left(M_{Kpl,i} - \bar{M}_{Kpl} \right)^2} \qquad \text{Gl. 5.67}$$

$$a = \bar{t}_{Kpl} - b \cdot \bar{M}_{Kpl} \qquad \text{Gl. 5.68}$$

mit den Mittelwerten

$$\bar{M}_{Kpl} = \frac{1}{n} \cdot \sum_{i=1}^{n} M_{Kpl,i} \qquad \text{Gl. 5.69}$$

$$\bar{t}_{Kpl} = \frac{1}{n} \cdot \sum_{i=1}^{n} t_{Kpl,i}. \qquad \text{Gl. 5.70}$$

Die für die Berechnung benötigten Messwertpaare können durch die Auswertung
der Differenzdrehzahl an der Kupplung bestimmt werden. Sobald die Kupplung
bei verspanntem Antriebsstrang zu rutschen beginnt, steigt die Differenzdrehzahl
sehr rasch an. Der Zeitraum seit Beginn der Ansteuerung entspricht der Zeit t_{Kpl},
und das über den Beobachter aus Kapitel 5.3.2 abgeschätzte Kupplungsdrehmoment M_{Kpl} steht zur Verfügung und verbessert mit jedem Messwertpaar die Approximation.

5.4.2 Solldifferenzdrehzahl

Die Berechnung der Sollverdrillung des Antriebsstrangs benötigt nach Kapitel
4.2 den notwendigen Drehzahlsprung. Mit dem berechneten Sollzustand wird die
Trajektorie, wie in Kapitel 4.5 angegeben, berechnet. Diese verwendet die Drehmomentensteuerung, die Kapitel 4.4 beschreibt. Während der Motordrehmomentenabbauzeit T beschleunigt das Fahrzeug in Abhängigkeit von dem Motordrehmoment und des Lastdrehmoments weiter. Folglich steigt die Drehzahl des primären Massenträgheitsmoments ω_1 ebenso an, sodass der im Voraus berechnete
Drehzahlsprung nicht ausreicht, um die Zieldrehzahl zu erreichen. Dieses Verhalten zeigt auch Abbildung 4.8 in Kapitel 4.6. Unter bestimmten Umständen kann
dies dazu führen, dass die Differenzdrehzahl an den Schaltklauen so groß ist, dass

ein Einlegen des Zielgangs verhindert wird. Eine Berücksichtigung dieses Drehzahlanstiegs $\Delta\omega_1$ während der Drehmomentensteuerung in der Berechnung des Sollzustands kann die Differenzdrehzahl an den Klauen verringern.

Während der Drehmomentensteuerung gilt für die Differenzdrehzahl $\Delta\omega \approx 0$, und das Lastdrehmoment kann als konstant angenommen werden. Mit diesen Annahmen ist eine Abschätzung des Drehzahlanstiegs

$$\Delta\omega_1 = \frac{1}{J_1 + J_2} \cdot \left(\int_0^T \tilde{M}_{VM}(t)\ \mathrm{d}t - M_{Last} \cdot T \right) \qquad \text{Gl. 5.71}$$

möglich. Da das Motordrehmoment ein Polynom 6. Ordnung ist und somit eine Stammfunktion existiert, ist eine numerische näherungsweise Integration nicht notwendig, und eine Berechnung von $\Delta\omega_1$ ist leicht möglich über

$$\Delta\omega_1 = \frac{J_1}{J_1 + J_2} \left(\sum_{i=2}^{5} i \cdot k_i \cdot T^{i-1} + 2 \cdot D \cdot \omega_0 \cdot \sum_{i=1}^{5} k_i \cdot T^i + \omega_0^2 \cdot \sum_{i=0}^{5} (i+1)^{-1} \cdot k_i \cdot T^{i+1} \right)$$
$$- \frac{1}{J_2} \cdot M_{Last} \cdot T.$$

$$\text{Gl. 5.72}$$

Eine geschlossene analytische Berechnung der Sollverdrillung $\Delta\varphi_{soll}$ mit Berücksichtigung des Drehzahlanstiegs führt zu aufwendigen Berechnungen, die bei einer Berechnung auf dem Steuergerät zu numerischen Problemen führen kann. Alternativ bietet sich eine iterative Berechnung der notwendigen Solldifferenzdrehzahl an, wie sie in Abbildung 5.17 dargestellt ist. In diesem Fall wird auf Berechnungen zurückgegriffen, die bereits für dieses Verfahren benötigt werden.

Im ersten Schritt erfolgt die Berechnung der Solldifferenzdrehzahl ω_{soll} mit der aktuellen Drehzahl ω_1. Daraus ergibt sich die Sollverdrillung $\Delta\varphi_{soll}$ und schließlich die Solltrajektorie, die zur Berechnung des Sollmotordrehmoments verwendet wird. Aus diesem bestimmt Gleichung 5.71 den Drehzahlanstieg am Motor $\Delta\omega_1$. Überschreitet dieser einen Grenzwert, der ein Einlegen des Gangs verhindert, beginnt die erneute Berechnung von ω_{soll}, wobei als Ausgangsdrehzahl die Summe aus der aktuellen Drehzahl ω_1 und dem Drehzahlanstieg $\Delta\omega_1$ verwendet wird. Diese Berechnungen werden so oft iterativ wiederholt, bis die Änderung des Drehzahlanstiegs unterhalb eines Grenzwertes liegt. Die notwendigen Funktionen

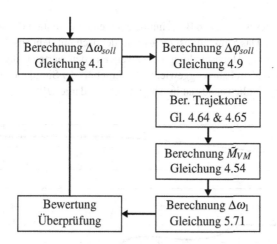

Abbildung 5.17: Iterative Berechnung der Solldrehzahldifferenz

können in einem Steuergerät effizient berechnet werden, da es sich lediglich um arithmetische und trigonometrische Operationen handelt.

Ebenso erfolgt der Abbruch der Berechnungen, wenn eine maximale Anzahl an Iterationen erreicht ist, um die Berechnungszeit zu begrenzen. Da diese Berechnungen vor Beginn des Schaltvorgangs stattfinden, soll die Verzögerung durch die iterative Berechnung möglichst gering sein.

Die Entwicklung des berechneten Solldrehzahlsprungs der Vorgelegewelle über die Iterationen zeigt Abbildung 5.18. In dieser Fahrsituation zeigt sich, dass die Berechnung bereits nach dem zweiten Iterationsschritt konvergiert.

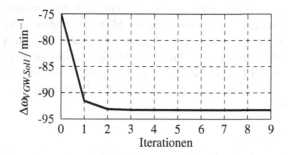

Abbildung 5.18: Iterative Berechnung der Solldifferenzdrehzahl der Vorgelegewelle

Die Wirkung dieser iterativen Berechnung zeigt eine Simulation des vollständigen Schaltvorgangs. Das Simulationsszenario ist identisch mit dem aus Abbildung 4.8 und entspricht einer Hochschaltung vom zweiten in den vierten Gang in einer Steigung mit maximalem Fahrzeuggewicht. Das Ergebnis der Simulation mit iterativer Berechnung des Sollzustands ist in Abbildung 5.19 dargestellt.

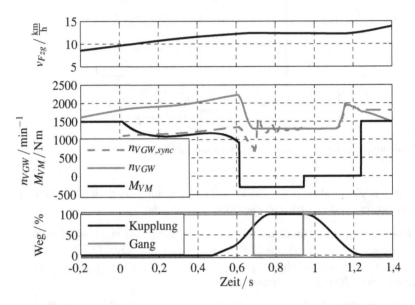

Abbildung 5.19: Simulation des Schaltvorgangs mit Synchronisation durch eine Antriebsstrangschwingung mit iterativer Berechnung der Zieldrehzahl

Es ist deutlich, dass die Vorgelegewellendrehzahl nach der Ausführung der Antriebsstrangschwingung die Zieldrehzahl erheblich besser trifft im Vergleich zur Schaltung ohne Kompensation des Drehzahlanstiegs. Dieses Verfahren ist also geeignet, die Drehzahländerung während der Motordrehmomentenreduktion abzuschätzen und bei der Berechnung des Sollzustands zu kompensieren. Im Allgemeinen ist diese Funktion auch für den Fall einer gleichbleibenden oder abfallenden Drehzahl gültig.

5.5 Überwachung und Koordination

Die Berechnung des Sollzustands, die Drehmomentensteuerung und die Beobachter verwenden die Systemparameter des reduzierten Steuerungsmodells, das in Kapitel 3.2.2 beschrieben ist. Die mittels der Identifikation aus Kapitel 5.2 bestimmten Parameter finden direkt Verwendung in der Drehmomentensteuerung und den Beobachtern. Das Prinzip der direkten adaptiven Steuerung zeigt Abbildung 5.20. Die Grundannahme dieses Prinzips ist es, dass die identifizierten Parameter als die realen angenommen und für die Steuerung verwendet werden. Dieser Ansatz wird daher auch als „certainty-equivalence"-Prinzip bezeichnet. [42]

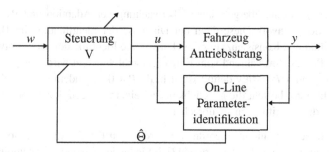

Abbildung 5.20: Direkte adaptive Steuerung

Bei der Identifikation von Systemparametern im geschlossenen Regelkreis sind besondere Randbedingungen zu erfüllen, da Ausgangsstörungen durch den Regler auf den Systemeingang wirken. Für Konvergenz der Identifikation ist es notwendig, dass keine Korrelation zwischen dem Ausgangsstörsignal und dem Eingangssignal existiert, wie es beispielsweise bei einem Proportionalregler der Fall ist. [45, 43]

Die Identifikation der Antriebsstrangparameter findet bei dem hier vorgestellten Verfahren während der Fahrt mit geschlossener Kupplung außerhalb von Schaltvorgängen statt. Das Motordrehmoment ist in diesen Fahrsituationen durch die vom Fahrer vorgegebene Fahrpedalstellung beeinflusst. Diesem überlagert sind gegebenenfalls Funktionen aktiv, die ein Ruckeln des Antriebsstrangs dämpfen. Dabei handelt es sich meist um eine reine Steuerung oder Filterung des Solldrehmoments, das dementsprechend keine Rückwirkung der Ausgangsstörung auf den Systemeingang erzeugt. Daher ist eine Konvergenz der Identifikation gegeben.

Eine weitere unmittelbare Rückkopplung der identifizierten Parameter auf den Systemeingang findet nicht statt. Die Drehmomentenreduktion erfolgt durch eine reine

Steuerung unter Verwendung der Systemparameter. Diese werden aber nicht unmittelbar ständig aktualisiert, sondern sind während dieser Phase konstant. Ebenso erfolgt keine Rückwirkung über den Beobachter, dessen Entwurfsgrundlage das
Steuerungsmodell mit den identifizierten Systemparametern ist. Da die Identifikation kein Ausgangssignal des Beobachters, sondern nur Messsignale verwendet,
existiert keine Rückkopplung, und die Stabilität des Systems ist nicht beeinträch-
tigt. Entsprechendes gilt für den Kupplungsdrehmomentenbeobachter und für die
Adaption der Kupplungsdynamik, da diese nur das a priori bekannte Massenträgheitsmoment des Motors und der Kupplung benötigt. Darüber hinaus haben diese
Funktionen keine Auswirkung auf das Motordrehmoment, sondern werden lediglich für die vorausschauende Ansteuerung der Kupplung verwendet.

Gemäß [43] ist eine übergeordnete Überwachung der Adaption und Parameteridentifikation sinnvoll. Diese dient der Diagnose der Identifikation im Hinblick
auf Stabilität und Konsistenz. Für eine konsistente Identifikation ist es notwendig,
dass der Prozess fortwährend vom Eingangssignal angeregt wird. Dies ist erfüllt,
wenn die Matrix P positiv definit ist, d. h. $\det P \neq 0$ ist. Indem diese Bedingung
überwacht wird, besteht die Möglichkeit, bei einem schlecht konditionierten Datenvektor die Identifikation abzubrechen.

Darüber hinaus ist eine übergeordnete Koordination für die Adaption notwendig,
um diese zu steuern und zu bewerten [43]. Im Falle der Adaption der Kupplungsdynamik erfolgt eine Überprüfung des Messwertepaars aus Kupplungsdrehmoment
und Ansteuerzeit hinsichtlich Plausibilität, bevor diese zur Berechnung der Regres-
sionsgeraden herangezogen werden. Des Weiteren erfolgt eine Überwachung der
Berechnung der Solldifferenzdrehzahl auf Konvergenz. Falls die berechnete Drehzahl nicht konvergiert, wird die Berechnung abgebrochen und der erste berechnete
Wert verwendet.

Für die Parameteridentifikation und -aktualisierung stellt die Koordination einen
wichtigen Teil dar. Da nicht alle Fahrsituationen für eine konsistente Identifikation
geeignet sind, wird die fortwährende Anregung durch das Motordrehmoment überwacht. Ist dies beispielsweise durch ein Tip-In/Tip-Out-Fahrmanöver gewährleis-
tet, startet die Identifikation. Diese ist beendet, wenn die identifizierten Parameter
konvergieren. Das kann durch einen kleinen Korrekturfaktor γ diagnostiziert werden kann. Abschließend erfolgt eine Überprüfung auf Plausibilität, ob die identifizierten Werte in einem sinnvollen möglichen Wertebereich liegen.

Nach erfolgreichem Abschluss aller Prüfungen erfolgt die Aktualisierung der Systemparameter, sodass diese von den Funktionen verwendet werden können. Um
mögliche Identifikationsfehler zu dämpfen, eignet sich für die Aktualisierung eine

Gewichtung der aktuellen Werte und der neu identifizierten Werte über einen Vergessensfaktor. Darüber hinaus erfolgt hier die Aktivierung für die Berechnung der Systemparameter bei geöffneter Kupplung aus denen des geschlossenen Antriebsstrangs, falls diese eine Änderung erfahren haben.

6 Funktionsprototyp und Fahrversuch

Dieses Kapitel beschreibt die prototypische Implementierung und die Verifikation im Fahrversuch des in dieser Arbeit vorgestellten Schaltablaufs mit Synchronisation über eine Antriebsstrangschwingung. Eine Erläuterung der Funktionsstruktur liefert Unterkapitel 6.1. Neben der Durchführung eines Funktionstests mittels Simulationen wird auch die Fahrzeugintegration in einem Getriebeentwicklungssteuergerät beschrieben. Zum Abschluss fasst das Kapitel 6.2 die Verifikation der Funktionen im Fahrversuch zusammen. Ein Vergleich zwischen dem herkömmlichen Schaltvorgang und dem Schaltvorgang mit Synchronisation mittels einer Antriebsstrangschwingung wird durchgeführt, um die Wirkungsweise und die Vorteile bewerten zu können.

6.1 Funktionsstruktur und Implementierung

Für den Schaltablauf mit Getriebesynchronisation durch eine gezielt angeregte Antriebsstrangschwingung sind alle wichtigen Teilfunktionen vorhanden. Das Zusammenwirken aller Elemente zeigt Abbildung 6.1 in der Steuerungsstruktur. Die durchgezogenen Linien stellen kontinuierlich übertragene Signale dar. Gestrichelte Linien stellen Systemparameter dar, die durch die Identifikation bestimmt werden und nur bei Bedarf aktualisiert werden.

Diese ist in drei Ebenen gegliedert, die jeweils die entsprechenden Funktionen zusammenfassen. Die erste Ebene ist die Steuerungsebene, gefolgt von der Adaptionsebene und schließlich, an oberster Stelle, die Koordinationsebene.

Die Steuerungsschicht umfasst die Funktionen der Drehmomentensteuerung und die dafür benötigte Trajektorienplanung sowie die Berechnung des Sollzustands. Diese Funktionen verwenden die Systemparameter, die von der Adaptionsschicht bereitgestellt werden. Die Aktivierung erfolgt je nach Anforderung über die Koordinationsebene. Die während der Fahrt fortlaufend aktiven Antriebsstrang- und Kupplungsdrehmomentenbeobachter sind ebenso in dieser Ebene angesiedelt.

Die darüber angeordnete Adaptionsschicht stellt die notwendigen Parameter für die Steuerungsschicht und die Koordinationsebene zur Verfügung. Dementspre-

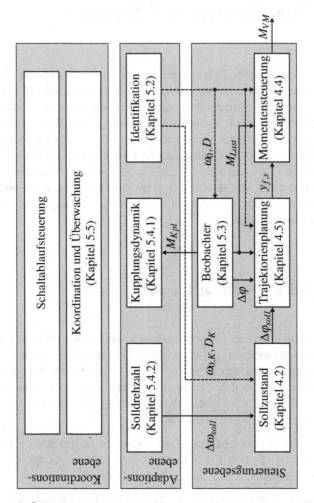

Abbildung 6.1: Übersicht der Funktionsstruktur

chend beinhaltet diese die Identifikation der Antriebsstrangparameter, die Adaption der Kupplungsdynamik sowie die Berechnung des Solldrehzahlsprungs.

In der Koordinationsschicht befinden sich die Überwachung und die Koordination der Adaptionsroutinen. Diese überwachen und steuern die darunterliegende Adaptionsschicht. Die Schaltablaufsteuerung koordiniert die zeitliche Abfolge des Schaltvorgangs und aktiviert die entsprechenden Funktionen und Aktoren. Diese

Funktionalität bildet ein Zustandsautomat ab, der die einzelnen Schaltphasen enthält.

Nach der Beschreibung der Funktionsstruktur liegt der Fokus auf dem funktionellen Zusammenwirken der einzelnen Teilfunktionen im Schaltablauf. Die Identifikation aus Kapitel 5.2 ermittelt während der Fahrt außerhalb von Schaltvorgängen die notwendigen Systemparameter des Antriebsstrangs. Während des Schaltablaufs verwenden eine Reihe von Funktionen, wie die Berechnung des Sollzustands des Antriebsstrangs, der Trajektorienplanung sowie die Drehmomentensteuerung, diese Parameter. Der Antriebsstrangbeobachter (Kapitel 5.3.1) liefert die Verdrillung des Antriebsstrangs und das Lastdrehmoment. Da die Steuerung für den Schaltvorgang diese beiden Werte mit Beginn des Schaltvorgangs benötigt, muss der Beobachterfehler zu diesem Zeitpunkt möglichst klein sein. Die Beobachterfehlerdynamik muss abgeklungen sein und daher ist der Beobachter während der Fahrt außerhalb von Schaltvorgängen immer aktiv, sodass dieser bereits den Einschwingvorgang beendet hat.

Die übergeordnete Schaltablaufsteuerung entscheidet je nach Start- und Zielgang und Fahrsituation mit welcher Art von Schaltablauf der Gangwechsel erfolgen soll. Voraussetzung für die Verwendung des Schaltablaufs mit Synchronisation durch eine Antriebsstrangschwingung ist eine 2-Gang Hochschaltung unter Zug. Sind diese Bedingungen erfüllt, wird im ersten Schritt die Berechnung der Solldrehzahl (Kapitel 5.4.2) und daraus der Sollzustand des Antriebsstrangs (Kapitel 4.2) berechnet. Nach Abschluss dieser Berechnungen erfolgt die Trajektorienplanung (Kapitel 4.5) unter Verwendung der vom Beobachter geschätzten Werte für die Verdrillung des Antriebsstrangs und das Lastdrehmoment sowie der identifizierten Systemparameter. Mit der geplanten Solltrajektorie kann die flachheitsbasierte Drehmomentensteuerung (Kapitel 4.4) durchgeführt werden. Die Schaltablaufsteuerung öffnet die Kupplung zeitlich passend, so dass die Antriebsstrangschwingung mit Abschluss der Phase der Drehmomentensteuerung beginnt. Die notwendige Vorlaufzeit für die Ansteuerung liefert die Adaption der Kupplungsdynamik (Kapitel 5.4.1). Die Adaptionsroutine wertet den Öffnungsvorgang der Kupplung aus und aktualisiert für den nächsten Schaltvorgang die Abschätzung der Vorlaufzeit. Ist die Kupplung geöffnet und der Antriebsstrang beginnt zu schwingen, wird die Freigabe zum Gangauslegen mit einer Vorlaufzeit vor Erreichen des Schwingungsminimum erteilt. Die Vorlaufzeit ist durch die Gangaktordynamik festgelegt. Ab diesen Zeitpunkt ist der Ablauf identisch zum normalen Schaltablauf und der Gang wird eingelegt, sobald die Vorgelegewellendrehzahl im Zielbereich liegt. Zum Abschluss des Schaltvorgangs wird die Kupplung geschlossen und das Motordrehmoment bis zum Fahrerwunschdrehmoment aufgebaut.

In der System- und Softwareentwicklung im Automobilbereich findet meist das V-Modell Anwendung, wie es Abbildung 6.2 dargestellt. Mit der Anforderungs-analyse, der Spezifikation der Softwarestruktur und der einzelnen Funktionen sind die Teile des Software Designs nach dem V-Modell abgedeckt. Die modellbasierte Software-Entwicklung ist bei der Entwicklung von Steuergerätefunktionen im Nfz bzw. Pkw Stand der Technik. Dabei werden die Algorithmen über eine graphische Notifikation, die in der Regel Signalflussdiagramme oder Zustandsautomaten sind, entwickelt. Dabei ist es notwendig, die beschriebenen Algorithmen als Signalflüs-se darzustellen. Über eine automatische Codegenerierung wird aus der modellba-sierten Funktionsbeschreibung ein auf der ECU ausführbarer Code erzeugt. [85]

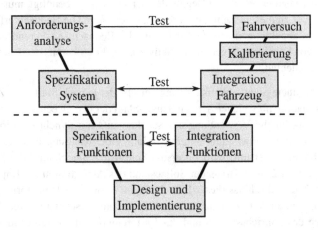

Abbildung 6.2: V-Modell der System- und Softwareentwicklung nach [85]

Ein erster Funktionstest der prototypischen Implementierung erfolgt mittels einer Model-in-the-Loop-Simulation, kurz MiL-Simulation. Dafür wird ein Simulations-modell des Fahrzeugs und des Antriebsstrangs benötigt, das Kapitel 3 beschreibt. Die Steuergerätesoftware liegt ebenso als Modell vor, und die benötigten Sens-ordaten oder Signale aus dem Kommunikationsbus werden virtuell erzeugt. Die MiL-Simulation wird auf einem PC und nicht auf der Zielplattform ausgeführt. Dies erlaubt die Sicherstellung der prinzipiellen Funktionalität und die Behebung der funktionalen Fehler bei der Implementierung. [85]

Im nächsten Schritt wird die mittels automatischer Codegenerierung erzeugte Soft-ware in einer Software-in-the-Loop-Simulation, kurz SiL-Simulation, getestet. In diesem Fall bleiben im Vergleich zur MiL-Simulation das Fahrzeug- und das Um-gebungsmodell praktisch identisch. Die Implementierung der Funktionen ist in diesem Fall aber soweit konkretisiert, dass die Funktionen in einem festen Zeitraster ausgeführt werden. Diese Software soll identisch auf dem Getriebesteuergerät ausgeführt werden. Daher ist für die Simulation eine Kapselung der Funktion durch einen Eingangs- und Ausgangsblock notwendig. Dadurch ist die Schnittstelle zu den Funktionen in der Simulation und für das Steuergerät identisch. Dieser Eingangs- und dieser Ausgangsblock sammeln die für die Funktion notwendigen Größen, die über Sensoren oder als Signal auf dem CAN-Bus zur Verfügung stehen. [85]

Für eine schnelle Integration und den Test von neuen Softwarefunktionen wird häufig ein Rapid-Prototyping-Steuergerät verwendet, das im „Bypass"-Verfahren mit dem Fahrzeugsteuergerät zusammen arbeitet. In dieser Arbeit war es das Ziel, die Kernfunktionen direkt als Erweiterung der Getriebesteuerung auf einem Getriebeentwicklungssteuergerät zu integrieren. Durch die modellbasierte Entwicklung mit automatischer Codegenerierung ist es für eine schnelle prototypische Umsetzung möglich, die Funktion rasch im Fahrzeug zu integrieren. Dabei werden nur kurze MiL- und SiL-Tests durchgeführt, um die ersten Fehler zu beheben und die Grundfunktionalität sicherzustellen. Die endgültige Kalibrierung bzw. Applikation der Funktionen erfolgt während der Fahrversuche.

6.2 Fahrversuch

Durch die prototypische Implementierung der Funktion im Getriebesteuergerät ist eine Bewertung der Wirkungsweise im Fahrversuch möglich. Als Versuchsfahrzeuge standen Mercedes-Benz Actros Prototypenfahrzeuge zur Verfügung. Das untersuchte Szenario ist, ähnlich wie bei den vorangegangenen Simulationen, eine Hochschaltung vom ersten in den dritten Gang. Das Fahrzeug fährt mit maximaler Beladung in einer 20 %-Steigung. Abbildung 6.3 zeigt den Schaltvorgang mit Synchronisation über eine gezielt angeregte Antriebsstrangschwingung.

Die Anforderung zum Hochschalten liegt zum Zeitpunkt $t = 0\,\text{s}$ vor, und im Anschluss an die Berechnung des Sollzustands startet die Motordrehmomentensteuerung mit der Abbauzeit $T = 0{,}4\,\text{s}$. Die Kupplung öffnet sich und die Vorgelegewelle führt die Schwingung aus, die bei $t_{1S} \approx 0{,}5\,\text{s}$ das Minimum erreicht. Zu diesem Zeitpunkt wird die Hauptgruppe nach Neutral geschaltet. Die Schwingung im Antriebsstrang klingt rasch ab, wie aus der Synchrondrehzahl der Vorgelegewelle ersichtlich ist. Nach dem Erreichen der Zieldrehzahl legt der Aktor bei t_{2S} den Zielgang ein und der Motordrehmomentenaufbau beginnt bei $t_{3S} \approx 1\,\text{s}$. Der

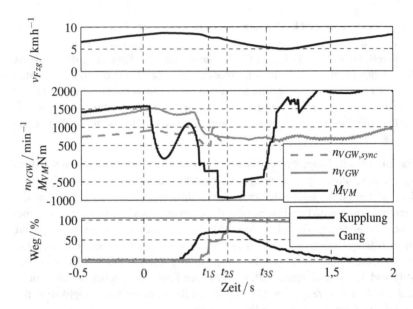

Abbildung 6.3: Hochschaltung von Gang 1 in Gang 3 mit Synchronisation über eine Antriebsstrangschwingung im Fahrzeug

Fahrversuch zeigt, dass die Schaltung mit der Synchronsiation über eine gezielt angeregte Antriebsstrangschwingung mit der vorgestellten Steuerung möglich ist.

Um die Vorteile zu identifizieren, erfolgt der Vergleich mit dem herkömmlichen Schaltvorgang in der gleichen Fahrsituation, der in Abbildung 6.4 dargestellt ist. Insgesamt zeigt sich, dass der normale Schaltvorgang deutlich später abgeschlossen ist. Ursachen hierfür sind die längere Drehmomentenabbauzeit zu Beginn. Nach dem anschließenden Ausrücken der Kupplung kann das Getriebe erst bei t_{1N} Neutral geschaltet werden. Während beim modifizierten Schaltvorgang zu diesem Zeitpunkt die Synchronisation fast abgeschlossen ist, beginnt diese erst hier. Nach dem Abschluss der Synchronisation und dem Gangeinlegen bei t_{2N} beginnt der Drehmomentenaufbau deutlich später bei $t_{3N} \approx 1{,}25\,\mathrm{s}$.

Neben dem zeitlichen Vorteil ist ebenso die Reduzierung der Vorgelegewellendrehzahl während der Drehmomentensteuerung beim neuen Schaltvorgang geringer und die Fahrzeuggeschwindigkeit höher. Darüber hinaus ist der Drehzahlverlauf der Vorgelegewelle nach Abschluss der Synchronisation deutlich unruhiger und mit größerer Schwingungsamplitude.

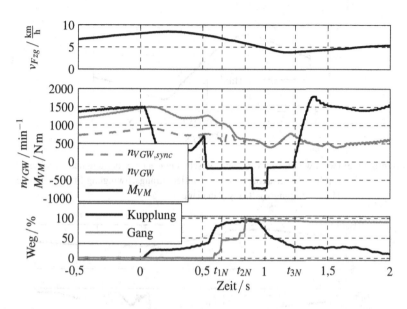

Abbildung 6.4: Normaler Schaltvorgang von Gang 1 in Gang 3 im Fahrzeug

Um den Vorteil der Schaltung genauer zu betrachten, vergleicht Abbildung 6.5 den Verlauf der Fahrzeuggeschwindigkeit während der beiden Schaltvorgänge. Die markierten Zeitpunkte der einzelnen Schaltphasen entsprechen denen aus den Abbildungen 6.3 und 6.4. Die Fahrzeuggeschwindigkeit ist beim normalen Schaltvorgang während des Drehmomentenabbaus etwas geringer und der Rückgang der Fahrzeuggeschwindigkeit ist deutlich größer. Da der Schaltvorgang beim hier vorgestellten Verfahren schneller abgeschlossen ist, verzögert das Fahrzeug durch die Fahrwiderstände kürzer und kann bereits ab t_{3S} wieder Motordrehmoment aufbauen. Im Vergleich dazu kann beim normalen Schaltvorgang erst bei t_{3N} wieder beschleunigt werden. Darüber hinaus ist mit Abschluss des neuen Schaltvorgangs die Motordrehzahl höher und demzufolge steht mehr Drehmoment zur Verfügung, das zu einer größeren Beschleunigung führt.

Um die Wirkungsweise und die Vorteile des neuartigen Schaltvorgangs tiefgehender bewerten zu können, erfolgt im nächsten Schritt die Betrachtung einer Hochschaltung von Gang 3 in Gang 5. Um die Vergleichbarkeit zu erhöhen, sind die Bedingungen identisch zum vorher betrachteten Schaltvorgang. Die Hochschaltung findet ebenso in einer 20 %-Steigung statt. Abbildung 6.6 zeigt den Schaltvorgang mit der Synchronisation über eine induzierte Antriebsstrangschwingung.

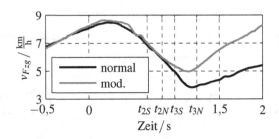

Abbildung 6.5: Geschwindigkeitsvergleich zwischen normaler Schaltung und Schaltung
mit Synchronisation über eine Antriebsstrangschwingung (mod.) bei einer
Hochschaltung von Gang 1 in Gang 3

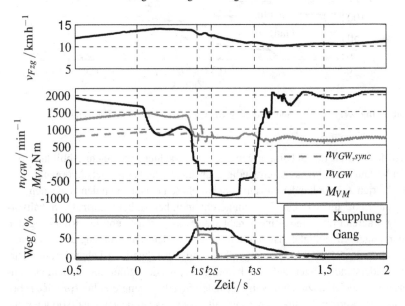

Abbildung 6.6: Hochschaltung von Gang 3 in Gang 5 mit Synchronisation über eine
Antriebsstrangschwingung im Fahrzeug

Der Fahrversuch zeigt, dass auch die Hochschaltung von Gang 3 in Gang 5 mit dem in dieser Arbeit vorgestellten Verfahren möglich ist. Die Hochschaltung beginnt zum Zeitpunkt $t = 0$ s und die Phase der Motordrehmomentsteuerung dauert ebenso $T = 0,4$ s. Mit Abschluss dieser Phase wird die Kupplung getrennt und der Antriebsstrang führt die benötigte Schwingung aus. Die Hauptgruppe erreicht zum Zeitpunkt $t_{1S} = 0,48$ s die Neutralstellung und die Synchronisation ist damit abgeschlossen. Nachdem die Zieldrehzahl erreicht ist, wird bei $t_{2S} = 0,6$ s der fünfte Gang eingelegt. Der Schaltvorgang ist zum Zeitpunkt $t_{3S} = 0,94$ s abgeschlossen und der Drehmomentaufbau bis zum Fahrerwunschdrehmoment beginnt.

Zum Vergleich ist in Abbildung 6.7 der herkömmliche Schaltvorgang für die identische Fahrsituation dargestellt. In diesem Fall ist die Neutralstellung der Hauptgruppe bei $t_{1N} = 0,54$ s erreicht. Nach der Synchronisation wird zum Zeitpunkt $t_{2N} = 0,7$ s der Zielgang eingelegt. Der Schaltvorgang ist zum Zeitpunkt $t_{3N} = 1,03$ s abgeschlossen und der Motordrehmomentaufbau findet statt.

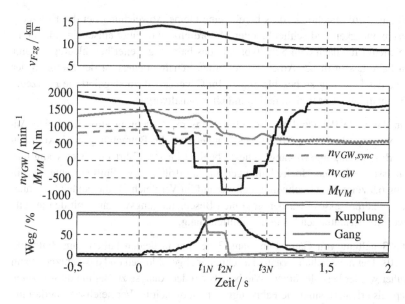

Abbildung 6.7: Normaler Schaltvorgang von Gang 3 in Gang 5 im Fahrzeug

Der Vergleich zeigt, dass auch in für die Schaltung von Gang 3 in Gang 5 der neue Schaltablauf mit der Synchronisation über eine angeregte Antriebsstrangschwingung schneller abgeschlossen ist. Der Vorteil ist in diesem Fall nicht in der Art ausgeprägt, wie dies bei der Hochschaltung von Gang 1 in Gang 3 der Fall ist. Um den Einfluss dieses kleinen zeitlichen Unterschieds zu verdeutlichen zeigt Abbildung 6.8 den Verlauf der Fahrzeuggeschwindigkeit während des Schaltvorgangs von Gang 3 in Gang 5 für die beiden Schaltprozesse.

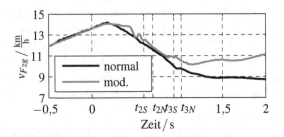

Abbildung 6.8: Geschwindigkeitsvergleich zwischen normaler Schaltung und Schaltung mit Synchronisation über eine Antriebsstrangschwingung (mod.) bei einer Hochschaltung von Gang 3 in Gang 5

Hieraus wird ersichtlich, dass bereits eine kleine Abweichung bei der Fahrzeuggeschwindigkeit und schließlich der Motordrehzahl darüber entscheiden kann, in welchem Maß nach dem Schaltvorgang das Fahrzeug weiter beschleunigen kann. Im Falle des in dieser Arbeit vorgestellten Schaltvorgangs ist der Motor in der Lage das Fahrzeug zu beschleunigen. Im Gegensatz dazu stagniert die Fahrzeuggeschwindigkeit nach dem herkömmlichen Schaltvorgang.

Um das volle Potenzial des Schaltvorgangs mit Synchronisation über eine Antriebsstrangschwingung zu erfassen, eignet sich die Betrachtung eines kompletten Beschleunigungsvorgangs. Dieser beginnt bei der Fahrt im ersten Gang und umfasst die beiden Hochschaltungen in den dritten bzw. fünften Gang. Abbildung 6.9 zeigt den Geschwindigkeitsverlauf im Vergleich für die beiden Varianten des Schaltprozesses über den gesamten Beschleunigungsvorgang mit den jeweils zwei Hochschaltungen bis in den fünften Gang.

Die Schaltung von Gang 1 in Gang 3 beginnt in beiden Fällen zum Zeitpunkt $t = 0$ s. Der neue Schaltvorgang ist schneller abgeschlossen und das Fahrzeug kann früher wieder beschleunigen. Wie bereits bei der Analyse zu Beginn dieses Unterkapitels erläutert, sinkt die Fahrzeuggeschwindigkeit im Vergleich zum herkömmlichen Schaltvorgang nicht so weit ab und das Fahrzeug kann stärker beschleunigen. Dies führt dazu, dass bereits zum Zeitpunkt $t_S = 3{,}1$ s die Hochschaltung vom dritten in den fünften Gang beginnt. Im starken Kontrast dazu beginnt die herkömmliche Hochschaltung erst zum Zeitpunkt $t_N = 4{,}1$ s. Nach Abschluss der Schaltung ist die Drehzahl soweit abgefallen, dass das Fahrzeug kaum noch beschleunigen kann, wohingegen bei der Fahrt mit dem neuen Schaltprozess noch eine Beschleunigung möglich ist.

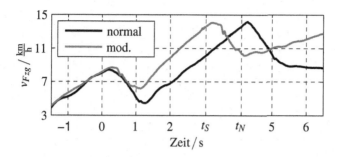

Abbildung 6.9: Vergleich der Geschwindigkeitsverläufe über die Beschleunigungsphase mit den Schaltungen von Gang 1 über Gang 3 in Gang 5

Das Fazit des Fahrversuchs ist, dass mit dem neuen Schaltvorgang in herausfordernden Fahrsituationen eine Verbesserung der Fahrleistungen erzielt werden kann. Der Schaltvorgang ist kürzer und damit ist der Geschwindigkeitseinbruch geringer. Dies führt wiederum zu einer besseren Beschleunigung des Fahrzeugs nach dem Abschluss des Schaltvorgangs.

7 Zusammenfassung und Ausblick

Heutige moderne schwere Nutzfahrzeuge sind mit automatisierten unsynchronisierten Schaltgetrieben ausgestattet. Für einen Schaltvorgang müssen mehrere Funktionen auf verschiedenen Steuergeräten, die mit einem Kommunikationsbus vernetzt sind, koordiniert zusammenarbeiten. Die Vernetzung der Funktionen ermöglicht es, immer kürze Schaltzeiten zu realisieren.

Die vorliegende Arbeit hat zum Ziel, den Schaltvorgang im schweren Nutzfahrzeug unter schwierigen Fahrsituationen zu verkürzen. Solche Fahrsituationen sind beispielsweise die Fahrt eines voll beladenen Fahrzeugs in einer großen Steigung oder im schwierigen Gelände bei einem Baustellenfahrzeug. Unter diesen Gegebenheiten liegt es im Interesse des Fahrers, dass eine Hochschaltung ausgeführt werden kann und das Fahrzeug danach weiter beschleunigen kann. Daher liegt der Fokus primär auf der Reduzierung der Schaltzeit und nicht auf dem Fahrkomfort. Diese Verbesserung soll ohne mechanische Änderungen am Getriebe, sondern nur über neue Softwarefunktionen erzielt werden.

Um dies zu erreichen, fasst zunächst Kapitel 2 den Stand der Technik zusammen. Es werden ein Überblick über den Aufbau aktueller Nutzfahrzeuggetriebe gegeben und der normale Schaltablauf erläutert. Eine Analyse der Schaltvorgänge zeigt, dass die größten Zeitanteile beim Drehmomentenabbau und der Synchronisation des Getriebes mit Gangeinlegen liegen. Nach der Identifizierung der Phasen mit dem größten Optimierungspotenzial erfolgt zum Abschluss ein Überblick über bereits bestehende Verfahren für die Verbesserung des Schaltvorgangs. Die meisten Ansätze haben zum Ziel, die Schwingungen im Antriebsstrang zu eliminieren und dadurch den Schaltvorgang zu verkürzen. Sie stellen daher den Fahrkomfort in den Vordergrund.

Kapitel 3 beschreibt die einzelnen Komponenten des gesamten Antriebsstrangs, der ein schwingungsfähiges System darstellt. Das Simulationsmodell wird mit Messdaten aus dem Fahrzeug validiert. Eine Analyse der Pole des Systems zeigt, dass die Seitenwellen und der Reifen-Fahrbahn-Kontakt den größten Einfluss auf das Schwingungsverhalten des Antriebsstrangs haben. Daraus wird das in der Ordnung reduzierte Steuerungsentwurfsmodell abgeleitet. Ein Vergleich der Frequenzgänge und die Validierung mit Messdaten bestätigen, dass die wesentlichen dynamischen Effekte der ersten Eigenform wiedergegeben werden.

Nach der Analyse des Stands der Technik und der Entwicklung eines Simulations- und Steuerungsmodells stellt Kapitel 4 einen veränderten Schaltvorgang, der eine

Verkürzung der Schaltzeit erzielt, vor. Mit dem veränderten Schaltablauf erfolgt die Synchronisation des Getriebes über eine gezielt angeregte Schwingung im Antriebsstrang. Durch die Betrachtung des dynamischen Verhaltens des Systems kann der beim Trennen der Kupplung notwendige Sollzustand des Antriebsstrangs berechnet werden. Nach einem kurzen Überblick über mögliche Verfahren zur Drehmomentensteuerung wird eine Zusammenfassung der systemtheoretischen Grundlagen für den Regler- und Steuerungsentwurf gegeben. Der Schwerpunkt liegt auf der Theorie der flachen Systeme, die in dieser Arbeit beim Entwurf der Steuerung verwendet wird. Mit der für diesen Ansatz notwendigen Trajektorienplanung sind die Kernkomponenten für die Steuerung dieses Schaltablaufs vorhanden. Ein erster Test anhand von Simulationen bestätigt, dass die Funktionalität gegeben ist, um eine Synchronisation mittels Antriebsstrangschwingung durchzuführen.

Die Funktionen benötigen für die Integration im Fahrzeug Systemzustände und -parameter, die nicht unmittelbar über eine Sensorik gemessen werden können. Die Sensitivitätsanalyse in Kapitel 5 betrachtet den Einfluss von ungenau bekannten Parametern auf die Steuerung und Schaltung. Darauf aufbauend folgt die Beschreibung der Methoden zur Bestimmung der Massenträgheitsmomente und die Identifikation der Systemparameter. Die nicht messbaren Systemzustände rekonstruiert ein Antriebsstrangbeobachter. Des Weiteren werden die Adaption der Kupplungsdynamik und die Berechnung der für die Synchronisation notwendigen Drehzahländerung erläutert. Den Abschluss bilden die Überwachung und Koordination, die eine Diagnose und Steuerung der Identifikation und Adaption darstellen.

Das letzte Kapitel 6 stellt das Zusammenwirken der einzelnen Funktionen in einer Gesamtstruktur vor. Darüber hinaus ist die Integration des Funktionsprototyps in einem Versuchsfahrzeug Gegenstand dieses Kapitels. Zum Abschluss der Arbeit zeigt der Fahrversuch die Funktionsweise des vorgestellten Schaltablaufs und bestätigt, dass die beschriebene Steuerung dies ermöglicht.

Ein Vergleich mit dem herkömmlichen Schaltvorgang hebt die Vorteile, die Schaltzeitverkürzung und die Verbesserung der Fahrleistung, heraus. Ein Teil geht darauf zurück, dass während der Drehmomentenabbauphase ein höheres Drehmoment anliegt. Dadurch verliert das Fahrzeug weniger Geschwindigkeit in dieser Phase. Der größere Einfluss liegt darin, dass der Schaltvorgang schneller abgeschlossen ist und dementsprechend früher der Drehmomentenaufbau beginnt.

Nachteil dieses Schaltvorgangs ist der reduzierte Fahrkomfort, da die Kupplung bei verspanntem Antriebsstrang geöffnet wird. Dies kann zu einem Ruck im Fahrzeug oder auch einem Schlagen im Antriebsstrang führen. Darüber hinaus ist dieser Schaltablauf nicht bei jeder Schaltung möglich, sondern ist auf den Einsatz bei Zweigang-Hochschaltungen begrenzt. Aufgrund der Steifigkeit des Antriebsstrangs ist es nicht möglich, den Antriebsstrang in der oberen Bereichsgruppe für die Synchronisation ausreichend zu verspannen. Andererseits sind die Schaltungen in diesem Bereich nicht extrem zeitkritisch.

Im Hinblick auf weiterführende Arbeiten ist es denkbar, dieses Verfahren weiterzuentwickeln, um eine Synchronisation der Split-Schaltungen zu erreichen. In diesem Fall kann dann auf eine mechanische Sperrsynchronisation verzichtet werden. Ebenso ist interessant, ob dieser Schaltvorgang bei einer Schaltung mit Beteiligung der Split- und Hauptgruppe durchführbar ist und dabei Vorteile hat. Ebenso können Untersuchungen erfolgen, ob dieser Schaltablauf auch für Zugrückschaltungen in extremen Fahrsituationen geeignet ist, wobei dann das erste Maximum der Schwingung verwendet wird. Falls eine vollständige Synchronisation nicht mehr möglich ist, kann in weiterführenden Arbeiten analysiert werden, ob eine teilweise Überbrückung der Drehzahldifferenz Vorteile im Hinblick auf die Schaltzeit hat.

Literaturverzeichnis

[1] ABRAHAMSSON, H. ; CARLSON, P. : *Robust Torque Control for Automated Gear Shifting in Heavy Duty Vehicles*, Universität Linköping, Examensarbete, 2008

[2] ADAMY, J. : *Nichtlineare Systeme und Regelungen.* 2. Aufl. Springer-Verlag Berlin, 2014. – ISBN 978-3-642-45012-9

[3] AMANN, N. ; BÖCKER, J. ; PRENNER, F. : Active Damping of Drive Train Oscillations for an Electrically Driven Vehicle. In: *IEEE/ASME Transactions on mechatronics* 9 (2004), Nr. 4, S. 697–700

[4] BAUMANN, J. ; ROOKS, O. : Model-Based Control of the Longitudinal Dynamics of a Passenger Car. In: KIENCKE, U. (Hrsg.) ; DOSTERT, K. (Hrsg.): *Reports on Industrial Technology* Bd. 7, Shaker Verlag, 2004, S. 1–11

[5] BÖCKER, J. ; AMANN, N. ; SCHULZ, B. : Active suppression of torsional oscillations. In: *3rd IFAC Symposium on Mechatronic Systems.* Sydney, September 2004

[6] BERRIRI, M. ; CHEVREL, P. ; LEFEBVRE, D. ; YAGOUBI, M. : Active damping of automotive powertrain oscillations by a partial torque compensator. In: *Proceedings of the 2007 American Control Conference*, 2007, S. 5718–5723

[7] BÓKA, G. : *Shifting Optimization of Face Dog Clutches in Heavy Duty Automated Mechanical Transmissions*, Universität Budapest, Dissertation, 2011

[8] BRONSTEIN, I. ; SEMENDJAJEW, K. ; MUSIOL, G. ; MÜHLIG, H. : *Taschenbuch der Mathematik.* 5. Aufl. Verlag Harri Deutsch Thun und Frankfurt am Main, 2001. – ISBN 3-8171-2005-2

[9] DOLCINI, P. ; WIT, C. Canudas d. ; BÉCHART, H. : Lurch avoidance strategy and its implementation in AMT vehicles. In: *Mechatronics* 18 (2008), Nr. 5-6, S. 289–300

[10] EDER, J. ; BIRNER, I. ; SCHLOEN, O. ; JOHN, T. ; NAGELEISEN, F. : Sequenzielles M-Getriebe der zweiten Generation mit Drivelogic - Teil 2. In: *ATZ - Automobiltechnische Zeitschrift* 104 (2002), Nr. 2, S. 154–163

[11] EDER, J. ; HOHENSEE, H. ; BIRNER, I. ; SCHLOEN, O. ; JOHN, T. ; NAGE-
      LEISEN, F. : Sequenzielles M-Getriebe der zweiten Generation mit Drivelo-
      gic - Teil 1. In: *ATZ - Automobiltechnische Zeitschrift* 103 (2001), Nr. 11,
      S. 1024–1035

[12] EUROSTAT: *Eisenbahnverkehr - Beförderte Güter nach Gütergruppe - ab
      2008.* http://ec.europa.eu/eurostat/web/products-datasets/
      -/rail_go_grpgood. – abgerufen am: 04.05.2016

[13] EUROSTAT: *Eisenbahnverkehr - Beförderte Güter nach Gütergruppe - bis
      2007.* http://ec.europa.eu/eurostat/web/products-datasets/
      -/rail_go_grgood7. – abgerufen am: 04.05.2016

[14] EUROSTAT: *Güterverkehr auf Binnenwasserstraßen.* http://ec.europa.
      eu/eurostat/web/products-datasets/-/ttr00007. – abgerufen am:
      04.05.2016

[15] EUROSTAT: *Jährlicher Straßengüterverkehr nach Güterarten und
      Verkehrsart, ab 2008.*   http://ec.europa.eu/eurostat/web/
      products-datasets/-/road_go_ta_tg. – abgerufen am: 04.05.2016

[16] EUROSTAT: *Jährlicher Straßengüterverkehr nach Güterarten und
      Verkehrsart, bis 2007.*   http://ec.europa.eu/eurostat/web/
      products-datasets/-/road_go_ta7tg. – abgerufen am: 04.05.2016

[17] FAN, J. : *Theoretische und experimentelle Untersuchugen zu Längsschwin-
      gungen von PKW (Ruckeln)*, Technische Universität Carolo-Wilhemina zu
      Braunschweig, Dissertation, 1994

[18] FISCHER, R. : Integration automatisierter Schaltgetriebe mit E-Maschine.
      In: *LuK-Fachtagung: E-Maschine im Antriebsstrang*, 1999

[19] FLIESS, M. ; LÉVINE, J. ; MARTIN, P. ; ROUCHON, P. : Flatness and defect
      of nonlinear systems: introductory, theory and examples. In: *Int. J. Control*
      76 (1995), S. 266–276

[20] FÖLLINGER, O. : *Regelungstechnik: Einführung in die Methoden und ihre
      Anwendung.* 8. Aufl. Hüthig Verlag Heidelberg, 1994

[21] FREDRIKSSON, J. : *Nonlinear Model-based Control of Automotive Power-
      trains*, Chalmers University of Sweden, Dissertation, 2002

[22] FREDRIKSSON, J. ; EGARDT, B. : Nonlinear Control applied to Gearshift-
      ing in Automated Manual Transmissions. In: *39th IEEE Conference on
      Decision and Control, Sydney* Bd. 1, 2000

[23] FREDRIKSSON, J. ; EGARDT, B. : Active engine control for gearshifting in automated manual transmissions. In: *International Journal of Vehicle Design* 32 (2003), Nr. 3/4, S. 216–230

[24] FREDRIKSSON, J. ; WEIEFORS, H. ; EGARDT, B. : Powertrain Control for Active Damping of Driveline Oscillations. In: *Vehicle System Dynamics: International Journal of Vehicle Mechanics and Mobility* 37 (2002), Nr. 5, S. 359–376

[25] GAO, B. ; CHEN, H. ; MA, Y. ; SANADA, K. : Design of nonlinear shaft torque observer for trucks with automated manual transmission. In: *Mechatronics* Bd. 21, 2011, S. 1034–1042

[26] GAO, B. ; LEI, Y. ; GE, A. ; CHEN, H. ; SANADA, K. : Observer-based clutch disengagement control during gear shift process of automated manual transmissions. In: *Vehicle System Dynamics: International Journal of Vehicle Mechanics and Mobility* Bd. 49, Taylor & Francis, 2011, S. 685–701

[27] GE, A. ; JIN, H. ; LEI, Y. : Engine Constant Speed Control in Starting and Shifitng Process of Automated Mechanical Transmission (AMT). In: *Seoul 2000 FISITA World Automotive Congress*, 2000

[28] GÄFVERT, M. : *Topics in Modeling, Control and Implementation in Automotive Systems*, Lund Institute of Technology, Dissertation, 2003

[29] GLIELMO, L. ; IANNELLI, L. ; VACCA, V. ; VASCA, F. : Speed Control for Automated Manual Transmission with Dry Clutch. In: *43rd IEEE Conference on Decision and Control*, 2004

[30] GLIELMO, L. ; IANNELLI, L. ; VACCA, V. ; VASCA, F. : Gearshift Control for Automated Manual Transmissions. In: *IEEE/ASME Transactions on mechatronics* 11 (2006), Februar, Nr. 1, S. 17–26

[31] GRAICHEN, K. : *Feedforward Control Design for Finite Time Transition Problems of Nonlinear Systems with Input and Output Constraints*, Universität Stuttgart, Dissertation, 2006

[32] GROTJAHN, M. ; QUERNHEIM, L. ; ZEMKE, S. : Modelling and identification of car driveline dynamics for anti-jerk controller design. In: *2006 IEEE International Conference on Mechatronics*. Budapest, 2006

[33] HAGENMEYER, V. ; ZEITZ, M. : Flachheitsbasierter Entwurf von linearen und nichtlinearen Vorsteuerungen. In: *at - Automatisierungstechnik* 52 (2004), S. 3–12

[34]   HAGERODT, B. : *Untersuchungen zu Lastwechselreaktionen frontgetrie-
       bener Personenkraftwagen*, Rheinisch-westfälische Technische Hochschule
       Aachen, Dissertation, 1998

[35]   HASCHKA, M. S. ; KREBS, V. : Beobachtung der Verdrillung in einem Kfz-
       Antriebsstrang mit Lose. In: *at - Automatisierungstechnik* 55 (2007), Nr. 3,
       S. 127–135

[36]   HEATH, R. : Seamless AMT offers efficient alternative to CVT. In: *JSAE
       Annual Congress*. Yokohama, 2007

[37]   HEATH, R. : Zeroshift's Transmission Technology - Claims to Supersede
       Dual Clutch. In: *ATZ autotechnology* 8 (2008), Nr. 11-12, S. 44–49

[38]   HIRSCHBERG, W. ; RILL, G. ; WEINFURTER, H. : User-Appropriate Tyre-
       Modelling for Vehicle Dynamics in Standard and Limit Situations. In: *Ve-
       hicle System Dynamics* Bd. 38, 2002, S. 103–125

[39]   HIRSCHBERG, W. ; RILL, G. ; WEINFURTER, H. : Tire model TMeasy. In:
       *Vehicle System Dynamics: International Journal of Vehicle Mechanics and
       Mobility* Bd. 45, 2007, S. 101–119

[40]   HIRT, G. ; FISCHER, R. ; BERGER, R. : Die Zukunft des ASG - das un-
       terbrechnungsfreie Schaltgetriebe (USG) und das elektrische Schaltgetrie-
       be. In: *Technologie um das 3-Liter Auto. Tagung der VDI-Gesellschaft
       Fahrzeug- und Verkehrstechnik* Bd. 1505. VDI Verlag, Braunschweig, 1999

[41]   HÄRDTLE, W. : Ein neues automatisiertes Schaltgetriebe für schwere Nutz-
       fahrzeuge. In: *ATZ - Automobiltechnische Zeitschrift* 99 (1997), Nr. 10, S.
       598–604

[42]   IOANNOU, P. ; SUN, J. : *Robust Adaptive Control*. Prentice Hall, Inc in,
       1996 (out of print in 2003)

[43]   ISERMANN, R. ; LACHMANN, K.-H. ; MATKO, D. : *Adaptive Control Sys-
       tems*. Prentice Hall, Inc in, 1992. – ISBN 0130054143

[44]   ISERMANN, R. : *Identifikation dynamischer Systeme - Band 1*. Springer-
       Verlag Berlin, 1988. – ISBN 3–540–12635–X

[45]   ISERMANN, R. : *Identifikation dynamischer Systeme - Band 2*. Springer-
       Verlag Berlin, 1988. – ISBN 3–540–18694–8

[46]   ISERMANN, R. (Hrsg.): *Fahrdynamik-Regelung: Modellbildung, Fahreras-
       sistenzsysteme, Mechatronik*. Vieweg+Teubner Verlag Wiesbaden, 2006. –
       ISBN 978–3834801098

[47] JOACHIM, C. : *Optimierung des Schaltprozesses bei schweren Nutzfahrzeugen durch adaptive Momentenführung*, Universität Stuttgart, Dissertation, 2010

[48] KARLSSON, J. : *Powertrain Modeling and Control for Driveability in Rapid Transients*, Chalmers University of Technology, Thesis fot the degree of Licenciate of Engineering, 2001

[49] KARLSSON, J. ; FREDRIKSSON, J. : Cylinder-by-Cylinder Engine Models Vs Mean Value Engine Models for use in Powertrain Control Applications. In: *SAE International, Warrendale, PA, SAE Technical Paper* (1998)

[50] KIENCKE, U. ; NIELSEN, L. : *Automotive Control Systems.* 2. Aufl. Springer-Verlag Berlin, 2005

[51] KÖLLERMEYER, A. : The new Mercedes PowerShift-Transmissions for trucks. In: *6th International CTI-Symposium: Innovative Automotive Transmissions*, 2007

[52] KUNCZ, D. : Reduction of synchronization time in automated heavy-duty truck transmissions by sytematically induced powertrain oscillations. In: *12th Stuttgart International Symposium - Automotive and Engine Technology* Bd. 2. Stuttgart, 2012, S. 147–161

[53] LAGERBERG, A. : *Control and Estimation of Automotive Powertrains with Backlash*, Chalmers University of Technology, Dissertation, 2004

[54] LAIRD, M. ; LAWTON, B. : Dog clutches for rapid gear changes in automotive gearboxes. In: *Proceedings of the Institution of Mechanical Engineers (IMechE) First International Conference on Gearbox Noise and Vibration*, 1990

[55] LÖFFLER, J. : *Optimierungsverfahren zur adaptiven Steuerung von Fahrzeugantrieben*, Universität Stuttgart, Dissertation, 2000

[56] LOHNER, A. : Aktive Dämpfung von niederfrequenten Torsionsschwingungen in momentengeregelten Antrieben. In: *VDI-Berichte* 1533 (2000), S. 307–322

[57] LUENBERGER, D. G.: Observers for Multivariable Systems. In: *IEEE Transactions on automatic control* Bd. AC-II, 1966

[58] LUENBERGER, D. G.: Observing the State of a Linear System. (1964)

[59]   LUNZE, J. : *Regelungstechnik 1 - Systemtheoretische Grundlagen, Analyse und Entwurf einschleifiger Regelungen*. 10. Aufl. Springer-Verlag Berlin, 2014. – ISBN 978–3–642–53908–4

[60]   LUNZE, J. : *Regelungstechnik 2 - Mehrgrößensysteme, Digitale Regelung*. 8. Aufl. Springer-Verlag Berlin, 2014. – ISBN 978–3–642–53943–5

[61]   MACADAM, C. C. ; FANCHER, P. S. ; HU, G. T. ; GILLESPIE, T. D.: A computerized model for simulating the braking and steering dynamnics of trucks, tractor-semitrailers, doubles, and triples combinations / Highway Safety Research Institute. 1980. – Forschungsbericht

[62]   MEISTRICK, Z. : Jacobs New Engine Brake Technology. In: *SAE Technical Paper 922448*, 1992. – International Truck & Bus Meeting & Exposition

[63]   MENNE, M. : *Drehschwingungen im Antriebsstrang von Elektrostraßenfahrzeugen*, Aachen University of Technology, Dissertation, 2001

[64]   MITSCHKE, M. : Fahrzeug-Ruckeln. In: *ATZ - Automobiltechnische Zeitschrift* (1994), Nr. 1, S. 59–60

[65]   MITSCHKE, M. ; WALLENTOWITZ, H. : *Dynamik der Kraftfahrzeuge*. 5., überarb. und erg. Aufl. Springer-Verlag Berlin, 2014. – ISBN 978–3–658–05067–2

[66]   NAUNHEIMER, H. ; BERTSCHE, B. ; LECHNER, G. : *Fahrzeuggetriebe - Grundlagen, Auswahl, Auslegung und Konstruktion*. 2. Aufl. Springer-Verlag Berlin, 2007. – ISBN 978–3–540–30625–2

[67]   NOSPER, T. : *Untersuchung zur Schaltzeitoptimierung an automatischen Schaltgetrieben*, Universität Bochum, Dissertation, 2003

[68]   NOSPER, T. ; PREDKI, W. : Schaltzeitoptimierung bei automatisierten Schaltgetrieben durch Entwurf von Motor- und Getriebebremsen. In: *VDI-Berichte 1704*, 2002

[69]   OH, J. ; KIM, J. ; CHOI, S. B.: Design of Estimators for the Output Shaft Torque of Automated Manual Transmission Systems. In: *IEEE 8th Conference on Industrial Electronics and Applications*, 2013

[70]   PACEJKA, H. : *Tire and vehicle dynamics*. 3. Aufl. Elsevier Oxford, 2012. – ISBN 9780080970165

[71]   PETTERSSON, M. : *Driveline Modeling and Control*, Linköping University, Schweden, PhD Thesis, 1997

[72] PETTERSSON, M. ; NIELSEN, L. : Gear Shifting by Engine Control. In: *IEEE Transactions on control systems technology* Bd. 8, 2000

[73] PETTERSSON, M. ; NIELSEN, L. : Diesel engine speed control with handling of driveline resonances. In: *Control Engineering Practice* 11 (2003), S. 319–328

[74] QUERNHEIM, L. : *Modellbasierte Auslegung der aktiven Schwingungskompensation im Kfz-Antriebsstrang*, Universität Hannover, Dissertation, 2007

[75] RILL, G. : First order tire dynamics. In: *III European Conference on Computational Mechanics*, 2006

[76] RILL, G. : Wheel Dynamics. In: *Proceedings of the XII International Symposium on Dynamic Problems of Mechanics*, 2007

[77] RINDERKNECHT, S. ; RÜHLE, G. ; SEUFERT, M. ; NAGELEISEN, F. : Automatisierte Schaltgetriebe (ASG) der zweiten Generation mit konsequenter Schaltzeitreduzierung. In: *VDI-Berichte* 1610 (2001), S. 83–99

[78] RINDERKNECHT, S. ; BLANKENBACH, B. ; MÜLLER, S. : Simulation von Schaltvorgängen bei automatisierten Schaltgetrieben. In: LASCHET, A. u. . M. (Hrsg.): *Systemanalyse in der Kfz-Antriebstechnik I*. expert-Verlag Renningen, 2001, S. 128–139

[79] ROTHFUSS, R. : *Anwendung der flachheitsbasierten Analyse und Regelung nichtlinearer Mehrgrößensysteme*, Universität Stuttgart, Dissertation, 1997

[80] SCHILD, A. : *Theoretische und experimentelle Untersuchungen zum Gangspringen bei Schaltgetrieben*, Technische Universität Dresden, Dissertation, 2006

[81] SCHÜSSLER, H. W.: *Digitale Signalverarbeitung 2*. Springer Verlag Berlin, 2010. – ISBN 978–3–642–01118–4

[82] SCHMITZ, T. ; HOLLOH, K.-D. ; FLECKENSTEIN, G. ; JÜRGENS, R. : Die neue Dekompressionsventil-Motorbremse (DBV) von Mercedes-Benz. In: *MTZ - Motortechnische Zeitschrift* 56 (1995), Nr. 7/8, S. 418–423

[83] SCHMITZ, T. ; HOLLOH, K.-D. ; FLECKENSTEIN, G. ; JÜRGENS, R. : Möglichkeiten zur Verbesserung des Gefällefahrverhaltens von Nutzfahrzeugen unter Verwendung einer Dekompressionsventil-Motorbremse (DVB). In: *Stuttgarter Symposium - Band 2: Kraftfahrwesen und Verbrennungsmotoren*, 1995

[84] SCHRAMM, D. ; HILLER, M. ; BARDINI, R. : *Modellbildung und Simulation der Dynamik von Kraftfahrzeugen.* Springer-Verlag Berlin, 2010. – ISBN 978–3–540–89313–4

[85] SCHÄUFFELE, J. ; ZURAWKA, T. : *Automotive Software Engineering.* Springer Vieweg, 2013. – ISBN 978–3–8348–2469–1

[86] SCHULER, R. : *Situationsadaptive Gangwahl in Nutzfahrzeugen mit automatisiertem Schaltgetriebe,* Universität Stuttgart, Dissertation, 2007

[87] SCHWENGER, A. : *Aktive Dämpfung von Triebstrangschwingungen,* Universität Hannover, Dissertation, 2005

[88] STEWART, P. ; FLEMING, P. J.: Drive-by-Wire Control of Automotive Driveline Oscillations by Response Surface Methodology. In: *IEEE Transactions on control systems technology* Bd. 12, 2004

[89] SVENDENIUS, J. : *Tire Modeling and Friction Estimation,* Lund University, Dissertation, 2007

[90] SYED, F. U. ; KUANG, M. L. ; YING, H. : Active Damping Wheel-Torque Control System To Reduce Driveline Oscillations in a Power-Split Hybrid Electric Vehicle. In: *IEEE Transactions on vehicular technology* Bd. 58, 2009

[91] SZABO, T. : *Modellbasiertes Regelkonzept für Doppelkupplungsgetriebe mit pneumatischer Aktorik,* Universität Ulm, Dissertation, 2014

[92] TEMPLIN, P. ; EGARDT, B. : A Powertrain Vehicle LQR-Torque Compensator with Backlash Handling. In: *Oil & Gas Science and Technology - Rev. IFP Energies nouvelles* Bd. 66, 2011, S. 645–654

[93] TRENCSÉNI, B. ; PALKOVICS, L. : Driveline torque observer for heavy duty vehicle. In: *periodica polytechnica - Transportation Engineering* Bd. 39, 2011, S. 91–97

[94] UNBEHAUEN, H. : *Regelungstechnik I - klassische Verfahren zur Analyse und Synthese linearer kontinuierlicher Regelsysteme, Fuzzy-Regelsysteme.* 13. Aufl. Wiesbaden : Vieweg + Teubner Verlag, 2005. – ISBN 3–528–21332–9

[95] UNBEHAUEN, H. : *Regelungstechnik II - Zustandsregelung, digitale und nichtlineare Regelsysteme.* 9. Aufl. Wiesbaden : Friedr. Vieweg & Sohn Verlag, 2007. – ISBN 978–3–528–83348–0

[96] VOCK, C. ; SCHAFFNER, T. ; SOPOUCH, M. ; STÜCKELSCHWAIGER, W. ; WEISSERT, I. : NVH-Analyse des Antriebsstrang: Möglichkeiten und Grenzen unterschiedlicher Modellierung anhand ausgewählter Beispiele. In: *Systemanalyse in der Kfz-Antriebstechnik III.* expert-Verlag, 2005, S. 48–72

[97] VOLLMAR, J. ; KÖLLERMEYER, A. ; SCHROPP, B. ; SCHUPP, C. ; GAST, S. : Mercedes Powershift - Neue Generation automatisierter Schaltgetriebe. In: *ATZ - Automobiltechnische Zeitschrift* 110 (2008), Nr. 1, S. 38 – 44

[98] VOLVO TRUCKS: *Ein Sportwagen unter der Motorhaube - dank I-Shift-Doppelkupplungsgetriebe.* Pressemitteilung vom 24.09.2014,

[99] WEBERSINKE, L. : *Adaptive Antriebsstrangregelung für die Optimierung des Fahrverhaltens von Nutzfahrzeugen,* Universität Karlsruhe, Dissertation, 2008

[100] WEBERSINKE, L. ; AUGENSTEIN, L. ; KIENCKE, U. ; HERTWECK, M. : Adaptive Linear Quadratic Control for High Dynamical and Comfortable Behaviour of a Heavy Truck. In: *SAE World Congress - Transmission and Driveline.* Detroit, Michigan, 2008

[101] WERT, P. ; GIACOMETTI, A. ; BERGER, M. ; KALMBACH, K. ; LO CONTE, F. : Ausnutzung von Triebstrangschwingungungen bei der Automatisierung von Handschaltgetrieben. In: *VDI-Berichte* 1917 (2005), S. 89–103

[102] WILLEKE, H. : *Kennfelder von Nutzfahrzeugreifen auf echten Fahrbahnen.* Bundesministerium für Verkehr, Abt. Straßenbau, 1997

[103] WÜRTENBERGER, M. : *Modellgestützte Verfahren zur Überwachung des Fahrzustands eines PKW,* TH Darmstadt, Dissertation, 1996

[104] ZEITZ, M. : Differenzielle Flachheit: Eine nützliche Methodik auch für lineare SISO-Systeme. In: *at- Automatisierungstechnik* 1 (2010), Nr. 58, S. 5–13

[105] ZEMKE, S. ; QUERNHEIM, L. ; GROTJAHN, M. : Optimierung von fahrverhaltensrelevanten Motorsteuergerätefunktionen. In: *6. IAV Symposium: Steuerungssysteme für den Antriebsstrang von Kraftfahrzeugen,* 2007, S. 207–223

[106] ZF FRIEDRICHSHAFEN AG: *Kraftstoff sparen ohne Zugkraftunterbrechung: TraXon Dual.* Pressemitteilung vom 08.07.2014,

[107] ZHONG, Z. ; KONG, G. ; YUN-FENG HU, Z. ; XIN, X. ; CHEN, X. : Shifting control of an automated mechanical transmission without using the clutch. In: *International Journal of Automotive Technology* Bd. 13, 2012, S. 487–496

[108] ZÜRN, J. ; RICHTER, U. ; MIERISCH, U. ; MÜLLER-FINKELDEI, R. : Der neue Actros von Mercedes-Benz. In: *ATZ - Automobiltechnische Zeitschrift* 114 (2012), Nr. 1, S. 36–45

Printed in the United States
By Bookmasters